国家出版基金项目
NATIONAL PUBLICATION FOUNDATION

20世纪中国科学口述史

王文采口述自传

THE ORAL AUTOBIOGRAPHY OF WANG WENCAI

王文采◎口述　胡宗刚◎访问整理

湖南教育出版社

2007年王文采先生接受口述访谈

# 王文采口述自传

The Oral Autobiography of Wang Wencai

## 席泽宗序

　　正当 21 世纪开头的时候，湖南教育出版社策划编辑出版一套《20 世纪中国科学口述史》丛书，有计划地访问一些当事人，希望他们能将亲历、亲见、亲闻的史实回忆口述，让采访者整理成文字和音像资料，为后人留下一些宝贵的文化财富。这是一件很有意义的事，应该得到各方面的支持。

　　口述历史很重要。《论语》就不是孔子（前 551—前 479）的著作，而是口述。这情形与希腊的苏格拉底（约前 470—前 399）及其以前的哲学家们相似。那个时代学者们还没有自己著书立说的习惯，思想学说都是靠自己口述而由门人弟子记录下来的。正如《汉书·艺文志》所说："《论语》者，孔子应答弟子、时人，及弟子相与言而接闻于夫子之语也。当时弟子各有所记，夫子既卒，门人相与辑而论纂，故谓之《论语》。"《论语》被奉为儒家经典，流传两千多年，一字值千金。我们当代人的所见、所闻、所历，不能与之相比，但"集腋成裘，聚沙成塔"，贡献出来，流传下去，对社会还是有益的。

　　司马迁著《史记》，上古部分文献太少，主要根据"传说"

---

席泽宗（1927—2008），天文史学家，中国科学院院士（1991）。

（一代一代"传"下来的"说"，即口述、口述、再口述），准确的年代只能从西周共和元年（前841年）算起，这不仅给年代学留下了一个空当，因而有今日的"夏商周断代工程"，还给后人提供了怀疑的口实。辛亥革命前后，国内外出现了疑古思潮，提出"东周以前无史"论，企图把中国文明史砍去一半。幸而这时在河南安阳殷墟发现了甲骨文，王国维于1917年写了《殷卜辞中所见先公先王考》及《续考》，指出甲骨文中发现的殷商王室的世系，与《史记·殷本纪》中所载相吻合，《殷本纪》中的口述记载只有个别错误。这就把中国有文字可考的历史，由东周上推了近千年。由此，王国维提出"二重证据法"："古书之未得证明者，不能加以否定，而其已得证明者，不能不加以肯定。"他又于1926年在上海《科学》杂志第11卷第6期上发表《最近二三十年中国新发现之学问》一文，指出中国历代出现的新学问大都是由于新的发现。他举了很多例子，最重要的是汉代曲阜孔壁中古文和西晋汲冢竹书的发现，说明新材料对于学术的推动作用。与此同时，胡适于1928年在《新月》第1卷第9期上写了一篇《治学的方法与材料》，进一步指出，我们不仅是要找埋在地下的古书，更重要的是要面向自然界找实物材料。他说："材料可以帮助方法；材料的不够，可以限制做学问的方法；而且材料的不同，又可以使做学问的结果与成绩不同。"他用1600年到1645年间的一段历史，进行中西对比，指出所用材料不同，成绩便有绝大的不同。这一段时间，中国正是顾炎武（1613—1682）、阎若璩（1636—1704）这些大师们活动的时代，他们做学问也走上了新的道路，站在证据上求证明。顾炎武为了证明衣服的"服"字古音读做"逼"，竟然找出了162个例证，真可谓小心求证。但是，他们所用的材料是从书本到书本。和他们同时代的西方学者则大不相同，像开普勒、伽利略、牛顿、列文虎克、哈维、波义耳，他们研究学问所用的材料就不仅仅是书本，更重要的是自然界的东西。哈维在他的《血液循环论·自序》中说："我学解剖学和教授解剖学，都不是从书本上来的，是从实际解剖来的；不是从哲学家的学说上来的，是从自然界的条理上来的。"结果是，他们奠定了近代科学的基础，开辟了一个新的科学世界。而我们呢，只有两部《皇清经解》做我们 300 年来的学术成绩。

1915 年《科学》的创刊和中国科学社的成立，标志着近代科学开始在中国落地、扎根，但成长、壮大、开花和结果，还有待于努力。中央研究院（1928 年）、北平研究院（1929 年）、中央工业试验所（1929 年）、中央农业试验所（1931 年）等国家科研机构的相继建立，《大学组织法》（1929 年）、《大学规程》（1929 年）和《学位授予法》（1934 年）等的颁布，都为科学的进一步发展提供了必要条件。至 1949 年，全国已有 700 多位科学家在 200 余所高等院校、60 多个科研机构、40 多个学术团体中工作。用卢嘉锡半开玩笑的话来说，"这是一支物美价廉、经久耐用的队伍"。李约瑟把他记述抗战时期中国科学家工作的一本书，取名《科学前哨》（*Science Outpost*）。他在序中说："书名似乎应当稍加解释。并不是我们中英科学合作馆的英籍同事远在中国而以科学前哨自居。我所指的是我们全体，不论英国人或中国人，构成中国西部的前哨。""这本书如有任何永久性的价值，一定是因为它提供了一类记录（虽然不甚充分）……看到中国这一代科学家们所具有的创造力、牺牲精神、坚韧、忠诚和希望，我们以和他们在一起为荣，今天的前哨就将成为明天的中心和司令部。"

李约瑟的预言即将实现。1949 年中华人民共和国的成立，为科学的发展提供了前所未有的有利条件。1956 年制定的《1956—1967 年科学技术发展远景规划纲要》，通过十几个重大项目、几十个重点研究任务、几百个中心课题，把第二次世界大战以来的新科学和尖端技术都涵盖于其中，下决心，攀高峰。据杨振宁搜集起来的 10 项产品的年代比照，我们的赶超速度是很快的。从原子弹到氢弹，我们所花费的时间最少：法国 8 年，美国 7 年，英国 5 年，苏联 4 年，中国 3 年，爆炸在法国之前。还要注意一点，别的国家的科学家，是全力以赴搞科学，中国科学家要政治学习、劳动锻炼、下乡"四清"，至于"文化大革命"那样的干扰，更是史无前例，就连"中国核弹之父"钱三强也不能幸免。1978 年以后，抛弃以"阶级斗争为纲"，才把书桌子放稳，安下心来搞科研，然而在市场经济大潮的冲击下，也有新的问题。科学是没有阶级性的，但是科学家是在社会中生活的，科学事业是社会建构的一部分，都有时代的烙印。与过去 300 年相比，科学在 20 世纪的中国，特别是后 50 年，取得了举世瞩目的成就。总结这段历史经验，对于 21 世纪科学的发展无疑是有借鉴意义的。这项工作国内有许多人在做。

湖南教育出版社邀请有经验的专家组成编委会，派人准备从人物（包括科研组织管理工作者）、学科、事件等方面进行访谈和旧籍整理，这无疑是一种新的形式。口述历史虽然是历史学的最初形态，但那时没有录音、摄像等设备，也没有现在的严密组织准备，效果是不一样的。因此，我相信，这套书一定能成功，故为之序。

席泽宗

2007 年 10 月于北京

# 王文采口述自传

The Oral Autobiography of Wang Wencai

## 韩启德序

　　20世纪是中国社会巨变的一个世纪，也是中国科学大发展的一个世纪。

　　中国的现代科学是在西方科学传入之后发展起来的。远在明末清初，西方科学就传到了中国。但从明末到清末，300年的"西学东渐"，其主要成果不过是翻译介绍了一些西方科学著作，传播了一些科学知识。到了20世纪，中国才出现了现代意义的科学事业和科学家。

　　20世纪之初，在以"新政"为标榜的政治和社会改革风潮中，延续千年的科举制度被废除，近代新学制开始在全国范围内实施，现代科学被纳入我国教育体制，从此科学知识成为中国读书人的必修课程，科学观念逐步深入人心。"赛先生"与"德先生"成为五四新文化运动的两面旗帜。

　　20世纪二三十年代，特别是国民政府成立之后，国立和私立大学的科学教育和科研水平稳步提高，以中央研究院为代表的专门科研机构逐步建立，一系列专业学会成立起来并开展各种学术活动，奠定了我国现代科学各主要学科的基础。然而，

　　韩启德（1945—　），病理生理学家，中国科学院院士（1997）。现任全国人大常委会副委员长，九三学社中央主席，中国科学技术协会主席。

日本侵华战争使我国刚刚起步的现代科学事业遭到严重摧残。抗战胜利后，内战又使科学事业在短期内无法恢复元气。

中华人民共和国成立之后，在中国共产党的领导下，科学事业受到前所未有的重视。建国后不久，国家就陆续成立了从中央到地方的各级综合性和专业性科研机构，调整和新建了一大批高等院校，组织实施了一系列重大科研计划。在 20 世纪的 50 年代末到 60 年代，以"两弹"（原子弹和导弹）研制、大庆油田的开发和人工合成结晶牛胰岛素等重大成就为标志，我国科学事业实现了跨越式的发展。不幸的是，不断升级的政治运动严重干扰和破坏了科学事业。"文化大革命"十年动乱，使我国科学不进反退，拉大了我们与世界先进水平的差距。

改革开放迎来了中国科学的春天，知识分子终于彻底摘掉了"臭老九"的帽子，我国科技工作者焕发出前所未有的活力。经过科技体制改革的探索，在 20 世纪末，我国确立了"科教兴国"战略。近年来，国家对科技的投入大幅增长，科研水平稳步提高，我国科学技术全面发展的时代正在到来。

一个世纪之前，中国的现代科学事业几乎还是一张白纸。今天的中国科学已经以崭新的面貌自立于世界。"两弹一星"、杂交水稻、载人航天等一系列成就，标志着我国科学技术事业的空前发展，同时也极大地提升了我国的国际地位。但我们也应清醒地认识到，我们与国际科学技术的先进水平还存在相当差距，我们仍然在探索适合中国国情的科技发展道路，建立完善的现代科研体制的任务还没有完成。

中国现代科学技术的发展既有顺利的坦途，也历经坎坷和曲折。艰苦的物质条件和严酷的政治运动没有动摇中国科技工作者的爱国报国之心和求索创新之志。为中国科学技术事业建立功勋的既有像"两弹元勋"一样的科学英雄，更有许多默默无闻、甘于奉献的科技工作者。他们的名字，他们的事迹，是中国现代历史中的重要篇章。比较令人遗憾的是，我们很少见到中国科学家的自述、自传一类的作品。因此，许多科学家的事迹，他们的奋斗与探索，还不大为社会所了解；许多珍贵的历史资料，随着一些重要当事人的老去而永远消失，铸成无法挽回的损失。

湖南教育出版社出版的这套《20世纪中国科学口述史》丛书，在一定程度上弥补了这个缺憾。口述历史的特点是真实生动、细节丰满、可读性强。这套丛书中，无论是口述自传、个人或专题访谈录，还是科学家自述，都出自科学家、科技管理者、科学普及工作者或科技战线的其他工作者的亲口或亲笔叙述，是中国现代科学事业的参与者回忆亲历、亲见、亲闻的史实，提供了许多鲜为人知、鲜活逼真的历史篇章，可以补充文献记载的缺失，是我们研究中国现代科学发展史的珍贵资料。同时，书中也展现了我国科技工作者爱国敬业、艰苦探索、勇于创新、无怨无悔的精神境界，必将激励后来者为发展我国的科学技术而努力奋斗。

近年来，访谈类节目在电视、电台热播，大受欢迎。我相信，《20世纪中国科学口述史》丛书也一定能赢得读者的喜爱，在我国科学文化建设中发挥应有的作用。故乐为之序。

2007年10月于北京

# 王文采口述自传

The Oral Autobiography of Wang Wencai

## 主编的话

## 以挖掘和抢救史料为急务

自文艺复兴以来，西方经过宗教改革、世界地理大发现、科学革命和产业革命，建立了资本主义主导的全球市场和近代文明。在此过程中，科学技术为社会发展提供了最强大的动力，其影响至 20 世纪最为显著。

在从传统社会向近代社会的转型中，国人知识结构的质变，第一代科学家群体的登台，与世界接轨的科学体制的建立，现代科学技术学科体系的形成与发展，乃至以"两弹一星"为标志的一系列重大科技成就的取得，都发生在 20 世纪。自 1895 年严复喊出"西学格致救亡"，至 1995 年中共中央、国务院确定"科教兴国"的国策，百年中国，这"科学"是与"国运"紧密关联着的。百年中国的科学，也就有太多太多的行进轨迹需要梳理，有太多太多的经验教训需要总结。

关于 20 世纪中国历史的研究，可能是格于专业背景方面的条件，治通史的学者较少关注科学事业的发展，专习 20 世纪科学史者起步较晚，尚未形成气候。无论精治通史的大家学者，或是研习专史的散兵游勇，都共同面临着一个难题——史料的缺乏。

史料，是治史的基础。根据 20 世纪中国科学史研究的特点，搜求新史料的工作主要涉及文字记载、亲历记忆、图像资料和实物遗存这四个方面。

20 世纪对于我们，望其首已遥不可及，抚其尾则相去未远。亲身经历过这个世纪科学事业发展且做出过重要贡献的科学家和领导干部，大都已是高龄。以 80 岁左右的老人为例，他们在少年时代亲历抗日战争，大学毕业于共和国诞生之初，而国家科学事业发展的黄金十年时期（1956—1966）则正是他们施展才华、奉献青春、燃烧激情的岁月。这些留存在记忆中的历史，对报刊、档案等文字记载类史料而言，不仅可以大大填补其缺失，增加其佐证，纠正其讹误，而且还可以展示为当年文字所不能记述或难以记述的时代忌讳、人际关系和个人的心路历程。科学研究过程中的失败挫折和灵感顿悟，学术交流中的辩争和启迪，社会环境中非科学因素的激励和干扰等等，许多为论文报告所难以言道者，当事人的记忆却有助于我们还原历史的全景。

湖南教育出版社欲以承担挖掘和抢救亲历记忆类史料为己任，于 2006 年启动了《20 世纪中国科学口述史》丛书的工作计划，在学界前辈和同道的支持下，成立了丛书编委会，于科学史界和科学记者群中招兵买马，认真探索采访整理工作规范和成书体例。通过多方精诚合作，在近两年中已出版图书 20 种，得到了学术界和读者的认可。

近年兴起的口述史（Oral History）热潮，强调采访者的责任，强调采访者与受访者之间的互动，强调留下"有声音的历史"。不过，口述史内容的"核心"是"被提取和保存的记忆"（唐纳德·里奇《大家来做口述历史》）。把记忆于头脑中的信息提取出来，方法上有口述与笔述之差别，但就获取的内容而言，并无实质性的差别。因此，本丛书当前在积极组织从事口述史采访队伍的同时，也积极动员资深科学家撰写回忆文本，作为"笔述系列"纳入本丛书中来。

科学，作为一种社会事业，除科学研究之外，还包括科学教育、科学组织、科学管理、科学出版、科学普及等各个领域，与此相关的人物和专题皆可列入选题。

本丛书根据迄今践行的实际情况，在大致统一编辑规范的基础上，将书稿划分为 5 种体例：

1. 口述自传——以第一人称主述，由访问者协助整理。

2. 人物访谈录——以问答对话方式成文。

3. 自述——由亲历者笔述成文。

4. 专题访谈录——以重大事件、成果、学科、机构等为主题，做群体访谈。

5. 旧籍整理——选择符合本丛书宗旨的国内外已有文本重新编译出版。

形式服务于内容，还可视实际需要而增加其他体例。

受访者与访问整理者，同为口述史成品的作者。忆述内容应以亲历者的科学生涯和有关活动为主线展开，强调以人带史，以事系史，忆述那些自己亲历亲闻的重要人物、机构和事件，努力挖掘科学事业发展历程中的鲜活细节。

书中开辟"背景资料"栏，列入相关文献，尤其注重未经披露的史料，同时还要求受访者提供有历史价值的图片。这些既是为了有助于读者更好地理解忆述正文的内容，也是为了使全书尽可能地发挥"富集"史料的作用。

有必要指出，每个人都会受到学识、修养、经验、环境的局限，尤其是人生老来在记忆力方面的变化，这些会影响到对史实忆述的客观性，但不能因此而否定口述史的重要价值。书籍、报刊、档案、日记、信函、照片，任何一类史料都有它们各自的局限性。参与口述史工作的受访者和访问者，即便是能百分之百做到"实事求是"，也不能保证因此而成就一部完整的信史。按名家唐德刚先生在《文学与口述历史》一文中的说法，口述史"并不是一个人讲一个人记的历史，而是口述史料"。史学研究自有其学术规范，不仅要用各种史料相互参证，而且面对每种史料都要经历一个"去粗取精，去伪存真"的过程。本丛书捧给大家看的，都是可供研究 20 世纪中国科学史的史料，囿限于斯，珍贵亦于斯。

受访者口述中出现的历史争议，如果不能在访谈过程中得以澄清或解决，可由访问者视需要而酌情加以必要的注释和说明。若对某些重要史实有不同的说法，则尽可能存异，不强求统一，并可酌情做必要的说明或考证。因此，读者不必视为定论，可以质疑、辨伪和提出新的史料证据。

本丛书将认真遵循求真原则和史学规范，以挖掘和抢救史料为急务，搜求各种亲历回忆类史料，推动 20 世纪中国科学史的研究！

欢迎各界朋友供稿或提供组稿线索，诚望识者的批评指教。谨以此序告白于 20 世纪中国科学史的研究者和爱好者。

樊洪业

2008 年 10 月于中关村

2011 年元月修改于中关村

# 王文采口述自传

The Oral Autobiography of Wang Wencai

CONTENTS 目录

| | | |
|---|---|---|
| | 引　言 | 001 |
| 第1章 | 家庭与求学 | 002 |
| | 身世 | 002 |
| | 童年 | 003 |
| | 中学时代 | 007 |
| | 大学时代 | 018 |
| | 我的家庭 | 022 |
| 第2章 | 几位难忘的师友 | 028 |
| | 林　镕 | 028 |
| | 钱崇澍 | 031 |
| | 胡先骕 | 036 |
| | 吴征镒 | 044 |
| | 汪发缵和唐进 | 049 |
| | 秦仁昌 | 053 |
| | 张肇骞 | 056 |

陈焕镛 060

郑万钧 063

傅书遐 065

冯晋庸 068

第 3 章　植物调查 072

河北考察 072

广西考察 074

江西考察 075

一赴云南 079

二赴云南 082

三赴云南 085

四川考察 087

重赴广西 089

再赴四川 090

湖南考察 092

三到广西 093

第 4 章　分类学研究 096

50 年代的研究 096

《中国高等植物图鉴》 099

《中国植物志》 104

主编《植物分类学报》 109

植物标本馆 112

第 5 章　往事杂忆 116

学习俄文 116

"反右"运动 117

困难时期 120

"文化大革命" 122

改革开放之后与国外学术交流 124

第6章 离休之后的研究与访学 130

离休 130

在瑞典短暂工作和考察 132

访问西欧三国 135

关于拉丁文在分类学上的使用 144

当选院士 146

铁线莲属研究之一：国外访学 147

铁线莲属研究之二：国内访学 158

回顾中国植物分类学 162

附录 169

牛喜平采访王文采摘录 170

师门承学追忆(傅德志) 179

王文采年表 203

王文采主要著述目录 206

人名索引 211

后记 217

# 王文采口述自传

The Oral Autobiography of Wang Wencai

## 引　言

　　中国植物资源至为丰富，为西方学者所称羡，早在17世纪末即有人来华采集，鸦片战争之后，国门洞开，肆意采集、掠夺者更是蜂拥而至，采走大量植物标本，供其分类学家研究，予以描述和命名。其时，中国植物学尚属本草阶段，对于起源于西方的现代植物学尚茫然不知。直到上世纪初期，在国弱民贫，屡遭列强欺凌之下，一批仁人志士才发起向西方学习，派遣大量学生留学欧美，学习西方自然科学。在留学生中更是掀起"科学救国"运动，推动了西方现代科学文化在中国的广泛传播。其中生物学在中国的建立，当以秉志、胡先骕、钱崇澍、陈焕镛、刘慎谔等学成归国为标志。在他们的率领之下，先后创办了中国科学社生物研究所、北平静生生物调查所、中山大学农林植物研究所、北平研究院植物学研究所、中央研究院自然历史博物馆等研究机构，开中国现代生物学之先河。大举采集动植物标本，建立标本室、图书室，提倡学理研究，培养学术人才，奠定学科基础，编辑专业学报，与国外同行相交流，一举改变了中国动植物主要由国外学者研究的历史，实现了生物学本土化的转变，提升了中国科学在国际上的地位。

　　现代植物学在中国建立之时，首要任务是以西方的科学方法探明中国植物的种类、分布状况、经济用途等，编纂《中国植物志》。然而，由于中国幅员辽阔、地形复杂、气候多样，再加上近代中国社会既遭受战争蹂躏，又经历"文化大革命"的破坏，致使完成这一历史使命异常艰巨。经 80 余年，几代人努力，直至本世纪初才完成 80 卷 126 分册的《中国植物志》。王文采先生在此项浩大工程之中，可谓是承上启下一代中的代表人物，他在前贤成就之上，继续迈进，先后主持完成应用广泛的《中国高等植物图鉴》，参与《中国植物志》毛茛科、紫草科、苦苣苔科、荨麻科的编写，发表论文 150 余篇。在毛茛科、苦苣苔科、紫草科、荨麻科等的分类和系统学的研究中，发现 20 个新属，约 500 个新种，修订了毛茛科之翠雀属、唐松草属、铁线莲属等多个属的分类系统；对苦苣苔科的分类和系统学研究揭示了科的演化趋势，建立了后蕊苣苔属、吊石苣苔属和小花苣苔属的分类系统。根据对多科植物分布的分析、研究，发现东亚植物区系的三条迁移路线，提出 16 个间断分布式样，推测我国云贵高原和四川一带可能是被子植物在赤道地区起源后，向北扩展时形成的一个重要发展中心。在半个多世纪的潜心治学中，王文采先生学术成果不断涌现，使其本人赢得国际声誉，得到学界广泛尊崇，1993 年当选中科院院士。

王文采，山东掖县人（今改名莱州市），1926 年 6 月 5 日生于济南，出身于殷实之家，但其父亲去世甚早，由母亲抚养长大。1949 年 7 月北京师范大学生物系毕业，留校任教。1950年初经胡先骕推荐，调入新组建成立的中国科学院植物研究所，开始从事植物分类学研究。

中科院植物所系 1949 年中华人民共和国成立之后，由民国时期的在北京的两个植物学研究机构重新整合而成，由钱崇澍任所长，吴征镒、张肇骞、林镕任副所长。起初该所还在陕西武功、江西庐山、云南昆明、江苏南京设有四个工作站，如此一来，当时中国大多数分类学家都被网罗其中。该所的主要任务是在延续过去的工作之上，设立国家标本馆、建设首都植物园、编纂《中国植物志》。其后，所属工作站先后独立成为研究所，中科院植物所也发展成为综合性研究机构，但其分类学研究在国内一直处于领导地位。王文采先生供职于该所 50 余载，参与或主持许多重要研究课题，亲历时代的风云变幻，可谓是历史的见证人。

本自传依据王文采先生口述整理而成，大致按时间顺序编写，但对一些专门的话题又作了合并，以求明晰完整。王先生首先记述了他的家庭出身、求学经历及其家庭状况，并讲述其在治学过程中与老一辈植物学家钱崇澍、胡先骕、秦仁昌、裴鉴、张肇骞、林镕、郑万钧、汪发缵、唐进、傅书遐等先生的交往。其次，自述其植物调查经历、旅途见闻及采集到的珍贵植物种类。在王先生近 60 年的学术生涯中，一直致力于野外考察工作，先后到达广西、云南、四川、湖南、江西等省区，不畏艰险，曾深入许多人迹罕至之域，获得大量第一手研究资料，揭示出植物分类学研究野外工作之重要。又次，讲述其本人参与或主持的研究项目和取得的研究成果，前期主要是编写《中国高等植物图鉴》、《中国植物志》和主编《植物分类学报》等。1986 年王先生年满 60 周岁，办理了离休手续，其后评上中科院院士，又继续工作，在此期间访问国内外不少标本馆，进行毛茛科铁线莲属的修订。最后，王先生简述了自 1949 年以来直至 1978 年改革开放，在主要的政治运动中的经历和改革开放之后的变化；王先生在离休之后的研究与访学中形成了世界眼光，他对中国植物分类学的发展作出回顾，并为该学科今后研究的内容提出了自己的观点。

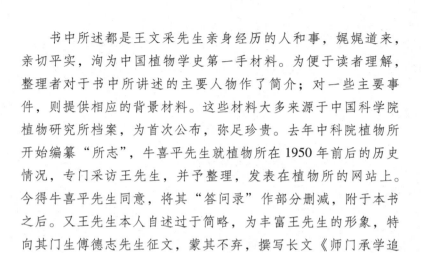

　　书中所述都是王文采先生亲身经历的人和事，娓娓道来，亲切平实，洵为中国植物学史第一手材料。为便于读者理解，整理者对于书中所讲述的主要人物作了简介；对一些主要事件，则提供相应的背景材料。这些材料大多来源于中国科学院植物研究所档案，为首次公布，弥足珍贵。去年中科院植物所开始编纂"所志"，牛喜平先生就植物所在 1950 年前后的历史情况，专门采访王先生，并予整理，发表在植物所的网站上。今得牛喜平先生同意，将其"答问录"作部分删减，附于本书之后。又王先生本人自述过于简略，为丰富王先生的形象，特向其门生傅德志先生征文，蒙其不弃，撰写长文《师门承学追忆》，为本书生色不少。诚然本书是王文采先生个人的历史，藉此也可知悉 1949 年之后中国植物分类学近 60 年大致脉络，为研究近现代中国科学史提供一份资料。

胡宗刚

2007 年 6 月 4 日于北京香山

　　在我的毕业纪念册上他为我题词："以媚字奉亲，以苟字省费，以聋字止谤，以吝字防口，以贪字读书，以疑字穷理，以刻字责己，以狠字立志，以悔字改过。"这些做人做学问的道理，为我一生所遵循。

第 *1* 章

# 家庭与求学

## 身世

我是山东掖县人，掖县今已改名为莱州市。我对掖县老家的情况知之极少。我的祖父有四个儿子，我父亲排行第二，伯父和一个叔叔在家种地，另一个叔叔好像在青岛做买卖。我父亲叫王蓝玉，字宝玺。出生在哪一年，我也不甚清楚，按推算大约生于 1892 年。他小时候读过几年书，略通诗书，毛笔字写得很好，过春节时有人请他写春联。他大约在十几岁时，出外学徒做买卖，由于能刻苦自励，岁有盈余。后因善于经营，成为一个小资本家，来回于天津、济南之间，经营草帽辫生意。草帽辫就是山东掖县妇女用麦秆编制草帽、提篮之类的手工制品。经我父亲之手，出口到南美的巴拿马、巴西、墨西哥等国。我父亲还在一些地方开了店铺。

1926 年 6 月 5 日，我出生于济南。小时候也曾到过天津，但一直未回过老家掖县。我是由母亲抚养长大的。父亲在我两岁半的时候就过世了，那是在他生意发达的时候，由于用人不当，损失巨大，服毒自尽了。

我父亲有两个妻子。我的大母亲生二女一子。我哥哥叫王春晖，大约长我 10 岁，他先后娶了两房妻子，大妻叫英枝，是掖县乡下人，是我父亲给定下的，比哥哥大数岁，生有一子。父亲去世五六年之后，哥哥在济南一个商业专科学校读书。他有一个同学在上海开棉花行，他毕业后就到上海这家棉花行工作。在上海他又娶了当地一位护士，生有三儿一女。我哥哥于 1978 年左右病逝。解放后，我母亲与他们都失去了联系。

我母亲叫赵燕文，北京人。她娘家在德胜门外真武庙一带。我见过她早年在娘家房前拍的一张照片，几间瓦房，不像是有钱的人家。1936 年，母亲带我到北京后，我了解到她有一个姐姐住在鼓楼一带，有一个儿子，靠制布鞋为生。但她们姊妹来往很少。她娘家有一位堂兄，住在一个小院子里，耕种房屋附近的几亩地，生有两个儿子，一个女儿。我的大表兄在《立言画刊》社当排字工人。解放后，我母亲与她娘家的人也失去了联系。

我不清楚母亲何时与父亲结婚，只听说是由我舅父介绍的。至于我舅父，过世得早，我没有见过。后来只见到我舅父的儿子，比我大五六岁，人有些呆笨。那时他的父母都已过世，曾在我家短期居住。我母亲常批评他。

我母亲在 24 岁时生我，以此推算，她大概生于 1902 年。1956 年因患高血压病瘫痪了，我请一位保姆照顾她，直到 1967 年去世。


# 童年

我大约在两岁的时候，开始识字。父亲用他那褚遂良体写成大字，订成一个本子，叫我坐在他的腿上，一手扶着我，一手拿着折扇，指着字让我念。若念不出，就用扇子打我一下；若全部念出来，就赏几个栗子吃。父亲老是打我，所以，我对他的印象不好，不过这样也认识了一千多字。我在天津上幼儿园时，那里的老师叫我"小先生"，因为我认识不少字，很得他们喜爱。在天津，我们一大家子住在华阴里，有大母亲、英枝嫂，还有两个姐姐，我还模模糊糊地记得小院的情形。我曾于 1993 年到天津自然博物馆看毛茛科标本，经打听，得知华阴里离博物馆不远，便去探访，已不是我记忆里的模样。

父亲去世时，我与母亲在济南。我们赶到天津，记得棺木停放在城外的一个庙里。母亲痛哭，我却不感到伤心，因为父亲给我的印象不好。父亲突然去世，家中顿时失去支柱，生活也失去来源，所幸我们得到父亲留下几张别人的借据，经母亲两三年的艰苦努力，终于讨回了这些债款，便用这些钱在济南购置了三所小房，我们孤儿寡母就依靠出租房屋的租金维持生活。父亲的突然身亡，以及后来的讨债、收取房租和家庭纠纷等不断发生，给我童年的记忆中留下了厌恶的回忆，对周围的社会产生了可怕的印象，也对我后来性格的形成产生了不小的影响。

其实，父亲过世时留下不少遗产，金银珠宝之类的东西被我大母亲拿回掖县了，一些店铺也归她所有。大母亲长得有点凶，很阴险的样子，我对她总有一种恐惧的感觉。还有，我同父异母的哥哥经常欺侮我，有一次要把我扔进池塘，恐吓我。在我 8 到 10 岁的时候，他在济南读书时，不断和我母亲发生冲突。我感到很不安，又不敢问，猜想是那几张借据的原因。借据是父亲生前叫他从天津带到济南交给母亲的，这是父亲有意对我们母子俩以后生活的安排。哥哥认为他在这方面有功劳，所以就向我母亲要钱花。到了 1936 年夏天，我在济南第十三小学念到四年级，我哥哥与我母亲的矛盾加深。为了避免冲突，我母亲"惹不起，躲得起"，便带我来到北平，在厂桥五福里租了三间房住下。我也就近在厂桥小学读书，开始念五年级。在北京的生活来源，还是依靠济南出租房屋的租金，是我母亲托付她开银号的朋友代为收取。我叫她胡姨，山东人。我叫她丈夫为胡叔叔，山西人。有事时，我母亲总是让我给他们写信。

到北京后，我游览了北海公园、景山公园以及离家不远的护国寺庙会，使我眼界大开，认识到北京城名胜古迹众多。那时日本帝国主义的势力已经到了华北，通州出现了以殷汝耕为首的、由日本人支持的伪政权。那年阴历七月七日，全校师生在北海公园湖北岸的一座大庙祭奠抗日战争中阵亡的二十九军将士，全国各界爱国人士愤怒声讨殷的卖国行径。但当时我对国家政治情况全不了解。

1937 年，"七七事变"爆发，母亲忙带我离开北平返回济南。我在北平居住了约一年时间，对北平产生了很好的印

1936年4月，王文采（右）在济南市第十三小学与同班同学赵克文合影

象，回到济南后，我时常怀念北海、景山，还常想念北京的一种特产小酱萝卜，也想念几个同班同学。在济南没有多长时间，济南也被日本人占领了，我母亲又把我带回北平。

我在济南时住在城内。在我两岁时，曾发生日本侵略军攻打济南，杀死国民党官员蔡公时（1881—1928）的"五三惨案"，在我家附近曾经落下日军的炮弹。济南城是一座美丽的城市，正如《老残游记》所说，"家家泉水，户户垂柳"，大街小巷，到处流淌着股股泉水，那水是甘甜的。大概在我三四岁以后，我家搬到城外商埠，那里的泉水较少。1936 年我到北京时，吃馒头时感到苦涩。后来我知道是因为北京土壤为碱性，pH大，自来水也有碱味。

大约在 1940 年，我哥哥所在的棉花行派他在无锡开了一个分店，经营粮食。第二年暑期他邀请我到无锡，游览了太湖，还到了南京，参观了一些名胜。在返回北京的途中，路过济南，停留了两天，见到了精明能干的胡叔叔。那时，他已是济南商会的会长，1957 年他却因此跳楼自杀了。我还访问了故居和大明湖，就匆匆离开，对故乡、对母校、对童年的朋友等等，自然很留恋。但家已不在这里，不能多停留，无可奈何。到现在，60 多年过去了，未能再回去看看，很是遗憾。

父亲过世后，看到母亲费了很大精力索回债款，以后买了三所房产，独自维持家庭生活和我的求学费用，很不容易，也了解到她对我的期望很大，希望我长大成才，所以我懂得用功读书。在小学、初中时，我的成绩比较好，因此，我的学习让她感到满意。生活上，她照顾我非常周到，对我娇惯，在家什么家务都不让干。直到我考入北京师范大学后，住在学校学生宿舍，才学着洗自己的衣服。

父亲和母亲的脾气都非常暴躁。父亲去世时，母亲和我之所以在济南，就是因为他们在天津时经常吵架。我还能记得他们当时吵架的情形。母亲因长期受气，造成身体的伤害，每一生气，人都要失去知觉。其实，我的脾气也和他们一样，但是，为了减少不愉快，我尽可能不去招惹谁。这种性格和取向，日后帮助了我避免出格，没怎么犯错误，遇事不锋芒毕露、"拍案而起"。所以在"反右"时不大可能被划成右派，在"文革"中也没有什么"造反"行为，等等。但对母亲的教诲，我也有逆反心理。母亲爱整洁，家里收拾得干干净净，自己也穿戴得整整齐齐。我却自小比较邋遢，比如不喜欢新衣服，以为穿旧衣服想坐在哪儿就坐在哪儿，不受约束。解放后，我曾和傅书遐先生在一起工作，他常来我们家，了解到一些情况后，便说我的毛病是母亲给惯的。

## 中学时代

1937 年底，日本侵略军占领了济南，1938 年全市的学校都停课，无法开学。母亲为了能让我不中断学习，又带我来到北京，继续住在北海后门的厂桥五福里，继续在厂桥小学念六年级。在济南的三所房产，母亲变卖了一所，另两所还是托她的朋友代管。1939 年，我小学毕业，考上北京第四中学，校址就在小学对面的西什库。在此读完三年初中，经考试又读本校高中三年，直到 1945 年毕业。

高中的课程和现在的情形也差不多，数理化之类，所不同的是学日文时间比较多，每周总有四五节课。英文较少，每周只有一两节。这是因为在日本人占领下，侵略者推行殖民化教育的缘故。其实在小学五年级时，就已经开有日语课，直到高三，我学了八年。任课老师有中国人，也有日本人。记得初中日文老师是日本人佐藤，高中时是桦泽。桦泽相貌威严，我们都怕他。当时有逆反心理，多数同学都不愿学，我也没有好好学。当了八年的亡国奴，对日本人很是憎恨，但不曾参加任何社会活动。

我读高中的时候，我们家邻居是一位中国大学法律系的学生，他的妻子在女子职业学校读书。他的叔叔在兰州，是国民党的一个旅长。不知是谁告的密，或是其他原因，他被日本人抓住，关在铁狮子胡同的日军华北司令部（以前是段祺瑞的宅子，占地较大），日本宪兵队也在这里。当时是夏天，学校已经放假，但我常到学校去用功。有天早上刚出家门，看见一群日本特务来了，我有些害怕。等我九十点钟从学校回家，我母亲告诉我，那个大学生被日本人抓走了。一个多月后放回来，我听他讲里面的事情，就和后来所看电影里的差不多，像老虎凳、穿竹签、灌辣椒水等酷刑。我母亲听后害怕了，就决定不让我去考大学，她以为上大学将会招惹这些不幸。她去找我们家山西的老朋友，在济南开银号的，托他们在北京西交民巷一家银号里为我找到一份工作，很不容易。一天，我跑到那儿一看，我感到害怕，因为我干不了这些做买卖的事情。

考虑到家庭困难，我决定报考师范大学，因为师大不要学费，还管吃管住。我向母亲承诺，不参加任何政治活动，就这样进了北京师范大学。在母亲不准我念大学的时候，我迷惘得很。那时对共产党不了解，国民党跑到重庆去了，也不知什么时候能把日本人打走，心情非常压抑，似乎没有希望，没有前途。这也是我在中学时期没有很好念书的原因之一。

没有用心读书的另一原因，便是爱好书画和音乐。在 1939 年小学毕业后的暑假，我报名参加了花卉画家钟质夫①先生在平安里附近开办的"雪庐画社"，钟质夫先生画画不用起稿，他胸中有那么多山水风景。交谈中，我知道他曾参加金北楼先生主持的湖社。我还跟金哲公先生学了一个月的山水画，同时见到另一位山水画家王心竟②先生。

升入初三后的一天，从报纸上看到王心竟先生在家招收学生的广告。原来他就住在五福里东邻的旌永里胡同，离我家很近，我就去报名学习。王先生的画，属于周臣、唐寅这一派的。我很喜欢唐寅的画和书法。学画很快入了迷，为了完成一幅画，可以画到凌晨一两点。我到王先生处报名学画后，常到他家去看他作画，得益很大。我以为学画，看老师作画，可以看见他如何构图、如何运笔、如何着色，这都比临摹来得直接。临摹要靠自己慢慢揣摩，难以心领神会。王先生那时约在 35 岁，年岁并不很大，但他的画已到了炉火纯青的程度，不论画巨幅中堂，还是册页小画或扇面，拿起来就画，曾临摹过不少名家真迹。他桌子上常放着一套著名画家刘海粟编的《晋唐宋元明清名画大观》。一次，他热心带我到琉璃厂访问字画和旧书店，正好遇到一套此书，劝我买下了。我跟王先生学了近两年，也画了些一般水平的画。1944 年他和他的

---

① 钟质夫（1914—1994），字鸿毅，满族，爱新觉罗氏，正红旗。父亲钟秋瀛精通书法，善画山水。受父辈影响，自幼喜爱中国绘画和京剧艺术。1928 年在北京湖社画会师从李鹤筹、刘子久、陈东湖等，学花鸟画，研习工笔没骨花鸟。后考取古物陈列所国画研究院第一期花鸟画专业研究员，抗战前后受聘办北平美专、北华美专，为花鸟画讲师及湖社画会评议，同时与画友晏少翔组办雪庐画会，教授工笔花鸟与没骨画法，学生遍布全国各地，其创作墨色浓郁雅丽，布局清新俊逸，有深厚的传统功力。

② 王心竟（1909—1954），又名心镜，字锡照。少年时曾入金北楼门下，擅山水，喜宗北宋笔路，师法明人戴进、吴伟、周臣等。画风清秀劲峭，不同凡俗。王文采先生不知王心竟先生逝世于何年，当在互联网上查到后，王文采先生对自己的恩师英年早逝，唏嘘不已。

学生们（包括我），在中山公园举办了一个"正风画展"，我有四五幅参展。通过我那位在《立言画刊》工作的表兄，还请来该刊的记者，对画展作了报道。对我的介绍有：王文采年方弱冠……在这次画展中，我也有几幅卖出，记得有一个扇面卖了五元钱，这是我平生第一笔收入。我把所得都交给了母亲。解放后，没有人买画，王先生的生活便遇到困难。我在师范大学任助教时，一次去看望他，见他在画一本小人书，以此谋生。后来，他和我都搬了家，就再没有联系了。

1986年王文采作山水图

至于学琴，还是我8岁在济南的时候，母亲买了一个留声机和不少京剧唱片，还有两张广东音乐，有《三潭印月》、《旱天雷》、《连环扣》等曲，我感到好听。1938年到了北京，护国寺每月初七、初八有庙会。庙会上有各种商品摊，各种小吃，还有"莲花落"、"评书"、"相声"演出，很是热闹，我很感兴趣。在摊贩中有一个胡琴摊，卖京胡、二胡、四胡、月琴等，价钱也不贵，我母亲为我买了一把京胡和一个月琴，我自己学着拉弹。

大约在1941年，念高一、高二时，我的一位同学认识一位广东的冯先生，在电业局工作，他擅长广东二胡，并招收学生。这位同学找我和另外一个同学共三人，到冯先生家学广东二胡。他家有演奏广东音乐的各种乐器：广东二胡、秦胡、扬琴、秦琴、三弦、笛子等。当我了解到过去听到的《三潭印月》等优美的曲子，原来就是用这些乐器演奏出来的，感到非常高兴。我学起二胡来很努力，花了很多时间，耽误了不少功课。大概一年多后，我已经可以熟练演奏《三潭印月》等曲子了。1945年夏，在四中庆祝我们毕业的全校集会上，我们毕业班的同学演出话剧《雷雨》。在演出间隙，我上台演奏了《三潭印月》、《凯旋》等曲。

王文采书法

对于西洋音乐，我也有兴趣。在高中一年级时，有一位同学是通州人，住在学校宿舍，他有留声机和不少音乐唱片，其中有贝多芬著名的第六交响乐《田园》。这是我第一次清楚地听到西方管弦乐，很喜欢，而且逐渐着迷。进入大学，同班有一位同学会拉小提琴，他的哥哥是同年级音乐系的学生，专攻小提琴。我也买了把旧小提琴拉。但是，这时我的主要精力在攻读生物系各门课程，只能挤出很少时间练琴，音乐系每周六有汇报演出，每次我都争取去听。解放后，在植物所，我和黄成就、姜恕两先生合作，曾演奏过广东音乐。1954

秦时明月汉时关，万里长征人未还。但使龙城飞将在，不教胡马度阴山

二〇〇七年初夏录王昌龄名句　王文采学书

年冬，国家机关举办了一次文艺会演比赛，我们的演奏还获了奖，得了一幅锦旗。

中学期间，一个为学山水画，一个为学广东音乐，花去了不少时间，耽误了功课。对于绘画和音乐，虽很痴迷，但不曾想过以此为职业，做个画家、演奏家什么的，因为看到老师们当时的生活状况，知道以此谋生不容易。只是想如果到了不得已的时候，以这点手艺或许可以得到一碗饭吃。但是，对绘画和音乐的爱好，让我终身受益，懂得如何欣赏艺术。艺术可以让人心情舒畅，笑对人生，让我以更好的状态投入到研究工作。哪怕在只有八个样板戏的时代，我的心中也常常回荡起《蓝色的多瑙河》的旋律。现在我依然每天早上离不开中央人民广播电台的音乐频道。在绘画中模山范水，当我在野外进行植物考察时，见到真山真水，触摸到自然中蕴藏的奥秘，便更加热爱自然，也就更加热爱自己的这份事业。

我所就读的北京第四中学，是当时中国著名的中学之一①。之所以著名，是由于拥有优秀的高水平教师。进入大学之后，我首先感到四中的老师水平较高，有些相当于大学教授的水平，甚至比师大的有些教授还要高明。四中有几位老师给我留下深刻的印象。初中时，孙涤黔老师教我们英文和矿物，当过我们的班主任，他的黑板字写得又快又好，和他的毛笔字一样，行笔迅速有力，笔画坚挺，一行行整齐的字里显出豪爽之气，如同一览群山或观沧海，心胸顿觉开阔。在我的毕业纪念册上他为我题词："以媚字奉亲，以苟字省费，以聋字止谤，以吝字防口，以贪字读书，以疑字

---

① 关于北京第四中学，1940 年编纂的《北京市志稿》有所记载："是校教学指导方面，教员用科学方法讲授，启发学生思想，指定各种参考书，使学生自动阅读。学生方面注重自习，遇有疑难则提出，师生共同讨论。学生训练，由教职训话或演讲，并由学生组织各种研究会，自由研究学术，以教员负训导职责。"(《北京市志稿·文教志》，北京燕山出版社，2001 年版，第10 页)

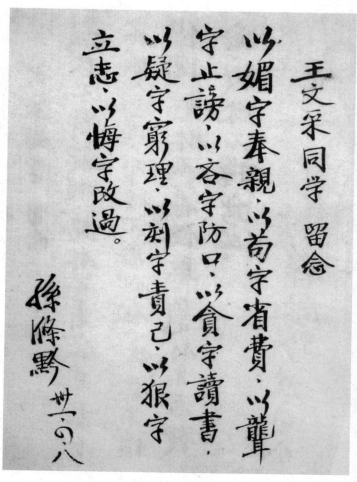

王文采同学 留念

以媚字奉亲、以苟字省费、以聋
字止谤、以吝字防口、以贪字读书、
以疑字穷理、以刻字责己、以狠字
立志、以悔字改过。

孙涤黔 卅六∕八

孙涤黔老师的题词为王文采一生所遵循

穷理，以刻字责己，以狠字立志，以悔字改过。"这些做人做学问的道理，为我一生所遵循。李丕让老师教历史，讲课时不带笔记、讲义，口若悬河，一直讲到下课钟声响起为止。他的黑板字是另一种风格，潇洒飘逸，也很美观，我总觉得这位老师像位诗人。崔石青老师教化学、英文，他以

945年5月，北京第四中学高中31级全班同学与五位
老师合影（一排左5为马文元老师，二排右3为王文采）

严厉著称，对课堂不守秩序、作业马虎等情况，必予以斥责。高中时，管心如老师教几何，他拿起粉笔在黑板上一甩手之间就能画出一个圆圈，如同用圆规画出一般，堪称一绝。高中教化学的刘伯忠，教物理的张子谔，教代数的马文元①，三位老师都非常有名，当时，就被同学们看作大学教授。可惜的是我那时没有好好用功，对这些老师，深感愧疚。同时，对浪费这么多时间，懊悔不已。

四中的名望，也吸引优秀学生来就读。同学们大多素质较高，品学兼优，彼此间友好相处，像一家亲兄弟一样。我的中学时代是我一生最快乐

---

① 马文元（1903—1972），字汉雄，北京市人。1928年北京大学数学系毕业。1935—1950年在北京四中任数学教师，同时兼任北京师范大学数学系教授。先后调至山东大学、武汉测绘学院任教。

的日子。在初中时，我们同一年级有4个班。同班有两个同学的家与我家较近，接触也较多。一位是王立琛，他的父亲大概是搞文学的，家中有很多线装书。他可能是受到家庭的影响，喜欢写诗、散文，在班中得到"大文豪"的绰号。他和另外两个同学，李文澜和苏成云，一同考入北洋大学冶金系。再一位是刘玉麟，他家也离我家不远，住在辅仁大学东边，每天到四中上学经过我家。他是个很老实的人，同学们都讲他性格懦弱。他中学毕业考入燕京大学新闻系，解放后在新华社工作，大约在60年代

1943年4月，王文采（左2）与四中同学游览北京香山，在"双清"留影

当上了毛泽东主席的秘书，还教英文。这时已改名为林克①，与田家英的关系很好。我们班还出了一位国画家盛锡珊②，画仕女，还写得一笔漂亮的赵

---

① 林克，1925年生，江苏常州人。1949年北平燕京大学经济系毕业，1954—1966年任毛泽东的秘书。后任新华社国际部编辑组组长、中国社会科学院世界经济与政治研究所发达资本主义国家经济研究室主任、中国西欧研究会副总干事、中国欧洲共同体研究会常务理事等。主要著作有《人间毛泽东》、《世界经济概论》（合著）、《2000年中国的国际环境》（合著）、《中国经济发展战略问题研究》（合著）等。

② 盛锡珊，即盛锡山，1925年3月生，北京市人。1939年于中国画学研究会习画，师从周肇祥。先后在蔡哈尔文工团、中央水利部文工团、中国青年艺术剧院担任美工设计。中国美术家协会会员，中国戏剧家协会会员，国家一级美术设计、舞美设计。

刘玉麟（林克）书《别诗》赠同学王文采

盛锡珊作写意图赠同学王文采

孟頫体，前几年曾在中国美术馆展出多幅北京风俗画。在我的初中毕业纪念册上，留有他们的题词，让我有无尽的回忆。

还有一位同年级的同学王泽恒，精于书法、篆刻，北京解放后去了台湾。还有一位同年级另一班同学周培之，中学毕业考入北大农学院，毕业后考上北大生物系植物生理学研究生。后来分配到新疆大学，一直担任生物系主任。这位同学很聪明，教授了植物学的植物分类、植物生理等不少课程。不幸在"文革"中被批斗，精神上受到很大刺激，患精神病，到现在仍未康复。在同班同学中还有一位同学陈耀，喜欢画油画、水粉画。中学毕业后考入北大工学院，那时已参加学生运动。1948 年我们北京师范大学发生"四七血案"，在 7 日夜里，国民党特务打伤我们几位同学。第二天，全校学生到新华门国民党政府军事委员会蒋介石委员长行辕请愿，要求释放被捕同学。那天近中午北京市各大学陆续派学生队伍来新华门参加请愿，陈耀带领北大工学院的队伍也来参加。解放后，他在空军部队工作。我前面讲的那位爱好音乐的通州同学白同仁，中学毕业后考入北大农学院，大学毕业后在中科院沈阳应用生态所工作，"文革"中被批斗，身体受到摧残，10 年前得了脑血栓，去年过世。在我上初一时，高一有位刘广志同学，是四中足球队的守门员，外号"和尚"，大学学地质，在矿业方面，作出优异贡献，10 年前被选为中国工程院院士。


## 大学时代

1945 年报考师范大学时，日本还未投降，入学时日本已投降了。到了大学之后，回过头一想中学 6 年是荒废了，对不起四中的老师。这激励我发愤努力，不敢再有所懈怠。在大学的 4 年里，我很用功。首先是住校，9 月一入学，我便搬到学校的学生宿舍住。师大在和平门，距我们家厂桥很远，星期天都不回家。读生物系，纯属一种随便选择，

1945年10月，北京师大生物系石子兴教授（一排左3）带领一年级全班同学到中山公园观察植物，二排左1为王文采

没有明确的目的，也不是对生物学有特别的兴趣，可谓是糊里糊涂。当时没有任何人可以商量，我们许多同学去考北大农学院、北大工学院。

那时日本刚刚投降，书店里有收购的大量日文书籍，出售时价格便宜。有时和同学逛西单商场旧书店，买了不少生物学、植物学、动物学的书。但这时才发现过去在高小和中学 8 年间，所学的日文已完全忘记了，买得这些书，也不能读，非常悔恨。在中学时，英文也学得不好。上大学之后，我考虑舍弃日文，结合动植物学的课程而学习英文。从大一起，我不断买到或从图书馆借得各门课程的英文参考书，结合老师讲课进行学习，一边学专业知识，一边念英文。尤其是在大三时，张宗炳①教授用英文讲动物组织学，每次在课前，我都把他要讲的有关章节先看一遍，并做笔记，这样，听讲时就较容易理解，否则，以我当时的英文水平是很难听懂的。

---

① 张宗炳（1914—1988），昆虫毒理学家、教育家。他在昆虫抗药性机制和治理的研究上取得了重大成果，完成我国第一部昆虫毒理学专著《昆虫毒理学》，是我国昆虫毒理学奠基人之一。

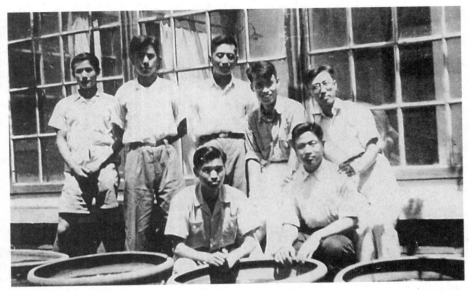

1949年6月,王文采(前排左1)与师大同学在生物系温室外合影

在大学学习的课程,一年级的动物学由武兆发教授担任,生物化学由化学系主任鲁宝重教授担任,植物学由石子兴教授担任。石教授曾留学德国,在日本占领北京时期,任北京师范大学生物系主任,日本投降后,只教过我们这一班,在 1946 年就离开北京师大,调到河北省一大学任教去了。他为人和蔼可亲,在 1945 年秋,曾带领我们班同学到中山公园实习,结合所遇见的植物讲解花、叶等植物器官的形态特征。武兆发教授态度较严肃,操较重的河南口音,考试常选择一些稀见的动物学术语和一些偏题,很难得到高分。他擅长制作动物组织切片,在家里生产并出售。这位先生 1957 年被打成右派,不幸自杀了。

二年级有植物系统学,由中法大学齐雅堂教授担任。他介绍植物界的大群,照着厚厚的讲义读,由于讲义的内容很多,记下来不容易,非常紧张。动物分类学由张春霖①教授担任，他曾兼任静生生物调查所研究员，是鱼类专家。大学三年级的课程，植物形态、解剖学由北京大学生物系主任张景钺②教授担任，植物分类学由北平研究院植物研究所林镕研究员担任，动物组织学由张宗炳教授担任。大四的课程，植物生理学，是请北京大学生物系罗士苇教授，讲动物解剖学的是本系主任郭毓彬③，讲遗传学的是金树章教授。

在升入大四后的 1948 年秋，系里邀请北平研究院植物研究所所长刘慎谔④教授来师大，给生物系全体同学作报告，讲植物社会学。那天系里不知谁找我主持会议，这是我第一次见到刘老。在大四下学期，北京已解放，在 1949 年春季，著名动物学家秉志教授⑤从上海来北京，一天，胡先

---

① 张春霖（1897—1963），字震东，出生于河南开封。1926 年东南大学生物系毕业，随即入中国科学社生物研究所任助理，从事鱼类研究。1928 年赴法国巴黎大学留学，1930 年获博士学位回国，入静生生物调查所任动物部技师，动物标本室主任，同时兼任北京大学和北京师范大学教授。1949 年新中国成立，中国科学院在北京成立了动物标本整理委员会，张春霖教授负责鱼类部分的工作。中科院动物所成立，为该所研究员。

② 张景钺（1895—1975），原籍江苏武进县。1895 年 10 月 29 日生于湖北光化县。1920 年毕业于清华学校后赴美国留学，入芝加哥大学学习植物形态学。1925 年获科学博士学位后回国，任东南大学教授，后长期担任北京大学生物系教授、系主任，培养了大批生物学人才，特别是在植物形态学方面培养了许多专家。

③ 郭毓彬（1892—1981），河南项城人。天津南开中学毕业后，往美国格林奈尔学院和伊利诺伊大学攻读生物学，回国后先后任苏州东吴大学、西北联大、西北师范学院、北京师范大学教授兼生物系主任等职。1915 年曾代表中国参加第二届远东运动会，获得比赛冠军，成为当时最早为我国争得两枚金牌的运动员。

④ 刘慎谔（1897—1975），字士林，山东牟平人。中国近现代植物学的开拓者。1920 年赴法国留学，1929 年获巴黎大学理学博士，随即回国，在新近成立的北平研究院中创办植物学研究所，任所长达 20 年之久，直至 1949 年，其间还曾创办西北植物调查所。1949 年往东北，后为中国科学院林业土壤研究所研究员。

⑤ 秉志（1886—1965），原名翟际潜，字农山，满族，河南开封人。前清举人，1909 年京师大学堂毕业，之后考取第一届退回庚子赔款留学生，赴美国康奈尔大学生物系学习，在美期间与留美同学组织成立中国科学社。1921 年回国，任教于南京高等师范学校，为中国动物学创始人。1922 年创办中国科学社生物研究所，中央研究院院士。1949 年先后任中国科学院水生生物研究所、动物研究所研究员，中国科学院学部委员（1955）。

骍教授邀请他给生物系全体同学作报告,这是我第一次见到秉老。秉志先生所讲的内容,大多我已忘了,但对生物学发展的三个阶段我还记得:第一个阶段 exploration,就是调查采集阶段,老先生说这个词的英文发音我都记得;第二个是描述阶段,这个阶段发展到差不多了,便是实验阶段的开始。

## 我的家庭

我爱人程嘉珍,安徽休宁人,1947 年中学毕业后,考入南京药学院。1951 年初来植物所实习,我们得以认识,并于她毕业后的当年,我们成了家。她毕业后,曾先后在军委卫生部、国务院卫生部和北京铁路医院工作,1981 年因身体不好,提前退休。她在南京药学院读书时,所学普通

1951年王文采与夫人程嘉珍结婚时在中山公园合影

1985年王文采全家合影。左起：王卉、王文采、程嘉珍、王冲、王筝

植物学一课由禾本科著名专家耿以礼教授担任，50 年代由植物所分类室编著的《中国主要植物图说》中的禾本科就是耿老主持完成的。此外，她学植物分类学的课，是由唇形科专家孙雄才教授担任的，孙老后来曾参加《中国植物志》唇形科鼠尾草属 *Salvia* 的编写工作。

我们生有一子二女，儿子王冲是老大，学经济，现在一家广告公司工作。大女儿王筝，学生物学，她爱人是一食品化学专家，他们开办了一家食品添加剂工厂，做这方面的生意。小女儿王卉，学机械，现在瑞典一公司担任电脑设计工作。

1950 年我调到中国科学院植物所，报到上班的第一天，在所长办公室拜见林镕先生，恰巧，简焯坡从科学院来到所里，林先生便问他，王文采的工资如何发？简先生说：大学毕业后工作算助理员，应发小米 400

斤。林先生说即按这个标准发。这与我在师大任助教的工资差不多，也就是五六十元人民币。我们家庭经济生活并不宽裕，双方都有老人需要赡养，后来又有三个孩子依次出生，一直比较紧张。尤其是 1956 年我母亲患病，需请保姆护理、请医生治疗，更是让我捉襟见肘。那时候，没有办法，只好卖书，须知书是卖时便宜买时贵，当初四五元买来的，卖给长安商场里的旧书店，只给一二元。但是，没有办法，要给母亲治病。不过在 50 年代，稿酬比较高，1956 年我发表第一篇论文《中国山龙眼属和假山龙眼属的初步研究》，得到 200 元稿费，第二年又发表《中国毛茛科植物小志》，这对缓解家庭经济困难有所帮助。对于此后我的收入情况，我不是很清楚，主要是因为人的精力都投入到研究之中，说得好听是安贫乐道。对自己的情况不甚了解，对其他老先生的情况就更不知道了。不过知道张肇骞、关克俭两位先生他们都有 8 个小孩，生活比较艰苦。张先生一直抽劣质香烟，关先生中午在食堂吃饭，总是吃最便宜的菜。我的家庭经济状况得到根本好转，是在 1987 年，三个孩子都各自成家之后。

中国科学院植物研究所部分高级研究员工资情况表①

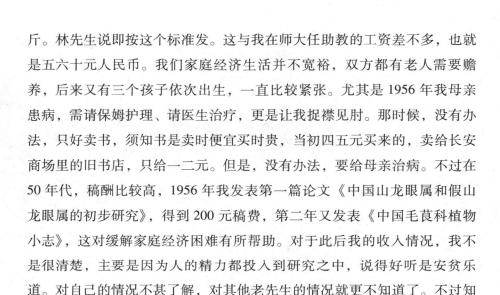

| 姓名 | 1952 年定级 | | 1953 年调整 | | | 1956 年调整 | | |
| --- | --- | --- | --- | --- | --- | --- | --- | --- |
| | 年龄 | 级别 | 级别 | 工资 | 工资分 | 级别 | 工资 | 工资分 |
| 钱崇澍 | 69 | 特 | 特 | 264.61 | 1070 | 1 | 345 | 880 |
| 张肇骞 | 51 | 2 | 2 | 225.05 | 910 | 2 | 287.5 | 760 |
| 林 镕 | 49 | 2 | 2 | 225.05 | 910 | 1 | 345.0 | 880 |

① 摘自实验室国家验收报告。

续表

| 姓名 | 1952 年定级 | | 1953 年调整 | | | 1956 年调整 | | |
|------|------|------|------|------|------|------|------|------|
| | 年龄 | 级别 | 级别 | 工资 | 工资分 | 级别 | 工资 | 工资分 |
| 吴征镒 | 36 | 3 | 3 | 207.73 | 840 | 2 | 287.5 | 760 |
| 胡先骕 | 58 | 3 | 1 | 244.83 | 990 | 1 | 345 | 880 |
| 唐 进 | 51 | 3 | 3 | 207.73 | 840 | 2 | 287.5 | 760 |
| 郝景盛 | 47 | 3 | 3 | 207.73 | 840 | | | |
| 汪发缵 | 51 | 3 | 3 | 207.73 | 840 | 2 | 287.5 | 760 |
| 俞德浚 | 44 | 4 | 4 | 190.42 | 770 | 3 | 241.5 | 700 |
| 钟补求 | 45 | 4 | 4 | 190.42 | 770 | 3 | 241.5 | 700 |
| 王伏雄 | 38 | 4 | 4 | 190.42 | 770 | 3 | 241.5 | 700 |
| 侯学煜 | 39 | 4 | 4 | 190.42 | 770 | 4 | 207 | 650 |
| 匡可任 | 39 | 7 | 6 | 160.75 | 650 | | | 500 |
| 傅书遐 | 36 | 10 | 9 | 116.23 | 470 | 6 | 149.5 | 370 |
| 王文采 | 26 | 12 | 12 | 79.14 | 320 | 8 | 106.0 | 290 |

林先生教得挺好，领我进入分类学的门，是我的恩师。

胡先生对李森科伪科学的批判，我看别的人没有他那个勇气。

吴征镒告诉我，他和闻一多是好朋友，他床边放着一个手杖，说是闻一多送的。

在水杉发现的过程中，傅书遐先生在协助胡老的研究中作出了重要贡献。

# 第2章

## 几位难忘的师友

### 林镕

林镕（1903—1981），字君范，江苏丹阳人。1920年往法国留学，1930年获巴黎大学理学院理学博士学位。回国后，任北平大学农学院教授兼生物系主任，同时还在北京大学、中法大学、中国大学等校兼教授。留法同学刘慎谔也应

邀入北平研究院植物学研究所，任兼职研究员。抗日战争期间，曾往福建组建福建科学院动植物研究所，抗战胜利后回北平；任北平研究院植物研究所专任研究员，兼任北京师范大学教授。

　　1947年暑假以后，大学三年级开始，有植物分类学一课，学校请北平研究院植物研究所的林镕先生教授。林先生教得挺好，领我进入分类学的门，是我的恩师。他讲课的时候，一科一科的，都拿出每科代表植物的标本讲，比如讲槭树科，拿着一个槭树标本给大家看，他讲这个科的特征，木本，叶子对生，单叶，花的构造，等等。他画图真棒，就在黑板上把花的纵切面图给画出来了。我那时的笔记都记得很好，现在还保存着。这使我对分类学有了特别的兴趣。

　　到了第二年，1948年5月初，林镕先生第一次带领我们全班同学到玉泉山实习，这一次的实习给我印象太深了。遇到开花的紫花地丁、蒲

林镕手书自作词

好事近闲游纪行

何处堕长星，何日巨灵遗迹。直
上黔巅千仞、映霞光如血。时
看雷雨起峰腰上有怒龙穴。寂
寞峤南孤峙回金汤无缺。城遍冠
缨下象山

江南阵气一天彝絮塞督十里
嘘鹃。东风无计驻朱颜催唤
赞莱斑。洗泪冷铜仙、歌残玉树
如此河山几番吟遍唤酒秦鬟
愁长是清征衫。目断燕云何处
相思徒寄琅玕

029

公英等植物，林老随手采起，讲这个植物所属的科属特征怎么样，花的构造怎么样。从蒲公英花的构造，讲到菊科的一个大群的特征。我自己也采了挺多的花，看到花的构造多样性，引起我的兴趣来了。我当时就佩服林老，什么都认识。以后又到过天坛，天坛现在变了，那时候天坛的野生植物真丰富，有直立的萝藦科的白前 *Cynanchum atratum*，花是深紫色的；有夹竹桃科的一种很好的纤维植物罗布麻 *Apocynum venetum*，现在可能都没有了。暑假的时候，林先生又带我们全班同学到香山，这更引起我的兴趣。后来，我和一个同学又到过八达岭、南口、门头沟、西山等地，采了好多标本。那时候缺乏参考书，就一本静生生物调查所周汉藩先生编的《华北习见树木图说》，乔木都可以依靠那本书鉴定出来。至于灌木、草本植物，缺少参考书，就难以鉴定了。我采了不少标本，都放到宿舍里面。有问题时，便到林先生家里去请教，而没有去过林先生工作的北平研究院植物所。林老看过这些标本，都一一写出拉丁学名。那时候他正在搞福建植物志，鉴定福建的壳斗科、樟科标本。当然，他的专科是菊科。我看过他的多册有关植物分类学文献，都是手抄的，字也写得漂亮，我是非常钦佩。经过那几个月在野外的采集工作，以及观察解剖各群植物花的构造，被子植物花构造的多样性，深深吸引了我，我想了解整个被子植物的花的构造多样性，也就逐渐下定决心，将植物分类学作为终身从事的研究学科。

林老 1928 年留学法国，从事真菌研究，1930 年回国与刘慎谔教授一起建立北平研究院植物研究所，并在大学任教。以后研究种子植物，主要从事大科菊科的研究，也研究过旋花科、龙胆科，还研究过福建植物区系。解放后担任中国科学院植物研究所副所长和中科院生物学部副主任。

# 钱崇澍

钱崇澍（左）与
吴中伦在一起
（摄于1950年代）

钱崇澍（1883—1965），字雨农，浙江海宁人。1904 年中秀才，1905 年考入南洋公学，1909 年毕业，后往唐山路矿学堂学习工程。1910 年考取第二届庚款留美学生，1914 年在伊利诺伊理学院学习，1915 年转入哈佛大学学习植物分类，1916 年回国后先后任教于江苏第一农校、金陵大学、东南大学、北京高等农业学校、清华大学、厦门大学、四川大学。1928 年就任中国科学社生物所植物部主任，抗战时曾主持将中国科学社生物所内迁至重庆北碚。战后，因南京生物所房屋和实验室破坏殆尽，难以为继，乃专任于复旦大学，1948 年当选中央研究院院士。1949 年后任中国科学院植物分类研究所所长，生物学部委员。钱崇澍培养的桃李满天下，后成为生物学家的有李继侗、秦仁昌、陈邦杰、裴鉴、郑万钧、严楚江、吴韫珍、方文培、汪振儒、杨衔晋、曲仲湘、孙雄才、吴中伦、陈植、张楚宝等。

钱崇澍先生曾在哈佛大学留学，那里有以大分类学家 Asa Gray 命名的标本馆，钱老即在 Gray 标本馆学习，不知道他的老师是谁，他在那里得到硕士学位。胡老在哈佛大学的老师是 Jack，分类学家。钱老比胡老岁数大。与胡老相比，钱老是另外一类老学究，他为人做事都老老实实的，就像他写的字一样，一笔一画，工工整整。

钱崇澍先生来后，成立了所长室，所长室在陆谟克堂的二楼西头，钱老办公桌在当中，西边林镕，东边张肇骞，门口就是赵星武，靠近门放一个小桌。吴征镒在另外一个房子，是哪个房子，我就忘了。姜纪五书记在隔壁，对面是所长室秘书王宗训。1955 年陆谟克堂二层各办公室使用大致情况，画出示意图是这样的：

### 陆谟克堂二层办公室示意图

| 王宗训 | 郝景盛及学生 | 俞德浚及学生 | 会议室 | | | 简焯坡 | 钟补求 杨汉碧 李安仁 刘瑛 / 傅书遐 王文采 金存礼 郑斯绪 |
|---|---|---|---|---|---|---|---|
| 林镕 赵星武 钱崇澍 张肇骞 | 姜纪五书记 | 绘图室 | | 匡可任及学生 | 唐进 | 汪发缵 郑斯绪 | |

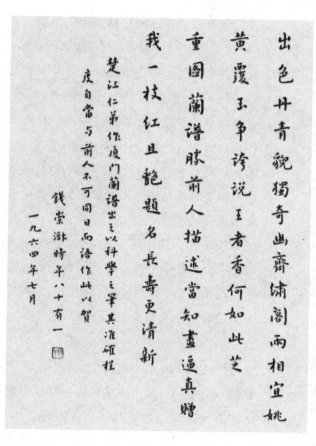

钱崇澍手迹

1957年以后，我和吴征镒先生参加云南中苏考察团，回来后，鉴定一些荨麻科标本。钱老在中国科学社生物研究所时是搞荨麻科的。我们植物所实际上是由三个单位合成的，一个是静生生物调查所，一个是北平研究院植物所，一个是中国科学社生物所的一部分。他把那些资料卡片都给我们所了，还有一部分标本。钱老写字比林老还工整，那个字还要小，抄的是瑞士一位荨麻科专家一八八几年出版的专著。看后可以知道费了功夫，他就是那样勤勤恳恳，令人佩服。1983 年，纪念他百年诞辰的时候，《植物分类学报》编辑部汪桂芳写了篇纪念文章，但题目写不出来，就让我去找秦仁昌主编去审查。秦老基本上同意，给补充了一些，并拟定题目《高风亮节，培育人才》。钱老不光在分类学界有许多学生，在生态学界也有，复旦大学教授曲仲湘先生，还有仲崇信先生，可能都是他的学生。我在我们植物所建所 70 周年纪念文章中讲了①，他是发表中国近代植物分类学第一篇文章的人，生态学第一篇文章《黄山的植被》、中国植物生理学第一篇文章也是钱老发表的。所以我在文章中讲，这三篇文章标志着我们中国近代植物学的起步、开端。

1950 年，我来所不久，钱老就在主持《中国植物科属检索表》的编写。那个工作还是为了普及植物分类学知识，为了适应全国各地、各行业鉴定植物的需要。要鉴定植物标本，首先要鉴定出植物所属的科和属，也是为编写《中国植物志》做准备。那时候，他是领头的，具体工作是傅书遐在做，至 1953 年上半年完成。

钱老的家庭，也可谓是生物学之家。就我所知，有他的大女婿裴鉴②。在抗日战争前，裴鉴先生跟随钱老在中国科学社生物研究所，抗战胜利后入中央研究院植物研究所。1950 年，中研院植物所的植物分类部分，改组为中国科学院植物分类研究所华东工作站，即由裴先生主持，后该站发展成为南京植物研究所。1959 年在《中国植物志》编委会成立的会上，

---

① 指 1998 年中国科学院植物所编《中国科学院植物研究所建所 70 周年纪念文集》。

② 裴鉴（1902—1969），字季衡，四川省华阳县人（今属成都市）。1916 年考入北京清华学堂，1925 年毕业被选送至美国加利福尼亚州斯坦福大学学习，曾往纽约植物园随梅尔（E. D. Merrill）教授从事热带和亚热带地区的马鞭草科植物研究。1931 年获博士学位回国，入中国科学社生物研究所工作，1944 年任职于中央研究院植物研究所。1950 年中国科学院植物分类研究所成立，将中央研究院植物所改组为该所华东工作站，裴鉴任主任，后该站发展独立为中国科学院南京植物研究所，裴鉴仍为所长。

裴鉴先生和武汉植物园的陈封怀先生，和我商量一起搞中国毛茛科志。裴先生承担铁线莲属和毛茛属，陈先生则提出承担乌头属和翠雀属，我则提出承担毛茛科 6 个大属中的最后的两个，即唐松草属和银莲花属，同时还商定此科志由裴鉴先生主持，决定向全国各研究所借用这 6 个属的植物标本，并集中到江苏植物所。会后，我即开始了编写工作。那年秋季，王蜀秀先生在四川大学毕业，分配到我们分类室，室领导决定将她分给胡先骕先生带，但暂时由我带，我那时进行上面所讲的二属，工作较忙，就让她先参加到唐松草属的工作来。到了 1959 年底，二属的稿子完成。这时，领导决定我和王蜀秀参加 1960 年植物所下放干部的行列（下放一年），为了鉴定集中在江苏所的标本，也为了请裴先生审阅我们写出的初稿，在 1959 年底，我和王蜀秀来到南京江苏所。但是我完全没有想到，当我将二属稿子拿给裴老时，他却拒绝审阅。然后他向我谈起他在纽约植物园进行中国马鞭草科研究的情形。在工作开始时，他的导师 E. D. Merrill 教授向各国植物标本馆发出借用标本的公函，等收到大量标本时才开始此科的研究。裴老强调说，如果搞一个科、一个属，不能看到 90% 或更多的模式标本的话，这个研究是没有办法进行的。听了这段话后，我明白裴老认为我没有看到模式标本，在植物的正确鉴定方面定会存在问题，因此拒绝审稿。在碰了钉子之后，我和王蜀秀鉴定完有关标本后即回北京，作进一步研究，以便修改初稿。回到植物所后，得知下放暂停。同时，发现过去每年一个月的劳动也停止了，其他不少活动也减少了。解放以后 10 余年来运动不断，这时一下子转变得相当平静。就在这时，我忘记是裴先生，还是陈先生来信说，陈先生辞去乌头属和翠雀属的编写。于是我用 1960 年这一段难得的平静时间完成了此两属志的初稿，并在 1961 年写出了《中国毛茛科翠雀属的初步研究》一文，于 1962 年在《植物学报》发表。裴先生在

"文化大革命"中被斗，1969 年就过世了。至于裴师母的情况，我则不知。

我对钱老的家庭情况不是很熟悉，倒是认识他的另一女儿钱南芬先生和儿子钱燕文先生。1950 年冯家文自复旦大学毕业，分配来植物所，他告诉我钱南芬先生毕业于复旦大学，留校任教。大约在 1954 年，王伏雄先生在植物所成立了植物形态室，南芬先生也来到形态室，做胚胎学研究。她是中国林业科学院吴中伦院士的夫人，去年冬季病逝。吴中伦先生是著名的林学家，早年也在中国科学社生物所工作。钱燕文先生是钱南芬的弟弟，1950 年在动物园成立"动物标本整理委员会"时，他就在此机构。该委员会后来演变为中国科学院动物研究所。燕文先生是鸟类专家，当过动物所副所长。

# 胡先骕

胡先骕（1894—1968），字步曾，号忏庵，江西新建人。中国近现代植物学的创始人之一。上世纪上半叶中国植物学界的领袖，创建我国大学中第一个生物系，参与编写第一本大学植物学教科书，与秉志一同创办中国科学社生物研究所、静生生物调查所，后又创建庐山森林植物园、云南农林植物研究所；历任南京高等师范学校、东南大学、北京大学、北京师范大学教授，为中正大学首任校长，中央研究院第一届院士。1949 年后任中国科学院植物所研究员。

胡先骕（摄于1958年）

1948 年暑假前，我读大学三年级，植物分类学已学完了。暑假之后开学，升入四年级。下一个年级的植物分类学课，学校改请胡先骕先生讲授。有一天，我在教室窗户外，看他拿着他那个《种子植物学讲义》稿子，一边走一边念，这是我第一次见到胡先生。听说在抗战之前，师大的植物分类学课程就是请胡先生担任，抗战胜利后的 1946 年，他从南方回到北平，不知什么原因，直至 1948 年才到师大来。因为他的名声大，所以我想见见他的风采。至于他讲的课，我以为并没有林镕先生讲得好。

1949 年，我毕业以后，留系当助教，担任三门课的助教：一是张春霖先生担任的动物分类学，二是张宗炳先生担任的切片技术，第三门课是一个讲师，宏先生，我把他的名字给忘了，他给家事系和体育系开普通生物学。我负责这些课的实验。我能搞起植物分类学专业还与我一个师兄有关，他叫王富全，比我高一班，我们很熟，他非常好。那时候他是胡先生的助教，知道我对分类已经有了兴趣，就把我的情况告诉了胡先生。

大概是 1949 年初冬，有一天，王富全来找我说："胡先生请你去。"我听了有点惊讶，因为我与他并没有接触过。胡先生说话有点儿结巴，他说："我听说你对植物分类学有兴趣，你帮我编一本《中国植物图鉴》，你觉得怎么样？"我听了挺高兴，就答应了。现在想起来，我的胆子也够大，应该说是鲁莽，仅有一点在课堂上学到的分类学知识，竟敢接受这样的任务；胡老也有些天真，他并没有考考我，无论是笔试，还是口试，都没有。他完全相信王师兄的话，一定是王富全师兄在胡老的面前给我吹了一通，这些我全然不知。胡先生便叫我找夏纬琨先生领稿纸，夏先生是静生所标本馆负责具体事务的总管，还派傅书遐先生，景天科专家，把

5 000种的一个名录给我送到学校，那时候我在学校住。

其实，我那时只是对分类学有兴趣，但对植物学拉丁文、《国际植物命名法规》、中外植物分类学文献全然不懂，根本没有从事这个工作的能力。既然答应了，也只好硬着头皮干起来，让夏先生给我订了稿纸，大概是一种四五百字的稿纸。稿纸一印好，我就开始工作了，每周抽出一两天到静生生物调查所植物标本馆看标本，从裸子植物开始，也没有人可以请教，参照陈嵘《中国树木分类学》一书，自己摸索。此项工作进行不久，因静生所被科学院接收而停止了。

1949年春节，发生一件我未曾料到的不愉快的事。生物系是一栋平房，但有地下室，六七间房子，没有人住，我就搬到地下室住，图的是那儿安静。生物系传达室有两个小工友，那年我24岁，他们有十八九岁，跟我关系挺好。星期天我不回家，便教他们一些生物学的知识，他俩对做切片有兴趣，我的办公室有做切片的设备，切片机都在那儿，就教他们。这两位是打扫卫生的，其中一个个性比较强，得罪了两个老助教，一个姓杨，一个姓马。姓杨的脾气大，可能因为他们不好好打扫卫生，这两位先生就埋怨到我头上了。有一次开个小会，鱼类专家张春霖先生的一位研究生，在会上批评说：王文采先生怎么就支持这两个搞得乱七八糟。实际上我对这些情况并不了解，但我为人挺窝囊，挺懦弱的，当时我一句话也没说，但是我在心里火了。我一想，在这儿怎能待下去，要另找工作了。这时，又是我的师兄王富全，不知道他怎么给胡先生把这个情况讲了。有一天，胡先生就找我说："我听说你在这儿待得不愉快，现在科学院植物所成立了，静生和北研合在一起，成立一个植物分类所，我介绍你到新成立的植物所去，你看怎么样？"哎呀！我简直是太感激他了，我当时就答应了。如何调到植物所的经过我不清楚，一定是胡老找了吴征镒先生，吴先生那时候是军代表①。

　　隔了两三个月，师大的人事处通知我，关于我的调动手续已经办好，可以到植物所上班去了。就这样，1950 年 3 月初，柳树叶子还没有长出来，我就到了位于动物园里的植物所报到上班了。本来，在生物系毕业后，我留任助教，担任动物分类学的实验工作，这样，我的大部分时间定将投入到动物分类学，我的研究方向有可能将在这个方面。但是，没想到发生了对我的批评会，以后竟使我调到植物所，使我有机会投入到我有兴趣的植物分类学研究，正如老子说的"祸兮，福所倚"！

　　进入植物所后，所领导吴征镒先生决定编写《河北植物志》。胡先生嘱我研究紫草科，并借给我一本由美国哈佛大学格雷标本馆资助出版的紫草科专家 I. M. Johnston 的紫草科论文集，此书至今还在我办公室书架上，没有归还，书上有胡先生的藏书印章。Johnston 与胡先生早年有学术交往，1932 年汪发缵在四川灌县采到一种紫草科植物，胡先生感到特别，曾寄给 Johnston，后来胡先骕发表了，将其命名为车前紫草属 *Sinojohnstonia*，拉丁学名即是为了纪念 Johnston。在当时中国尚未有专人研究紫草科。我那时还从事茜草科研究，此类植物主要分布在热带，在温带只有三个属，但是很复杂。华南植物所侯宽昭先生就是研究此科的专家，可惜逝世得较早。

　　胡老对我的提拔，我非常感激。他不考察考察我，太相信我这个师兄的话，就让我编植物图谱；一听我师兄说我在师大人际关系发生问题，就介绍我到植物所来。从我的亲身感受，觉得胡老相当天真，在待人方面则

---

　　① 植物分类研究所组建成立之后，确定"聘任制度"，对新增加人员，经大家提名后，通过研究人员会议进行广泛讨论，然后由行政小组采择决定，如行政小组亦不能决定时，由院方作最后决定。关于调王文采入所，1950 年 2 月 13 日"第二次研究人员会议记录"这样记载："王先生是由胡先生和北研数位同人推荐，经行政小组呈院批准。"当时吴征镒任行政小组组长。

很热情。

解放初，在人们看来，胡先生政治上是有污点的，就是在 1947 年的时候，发表过几篇反对共产党的文章，他曾当过中正大学校长，那时候国民党很器重他。1952 年开展思想改造运动，目的是清除反动思想，不单批胡先骕先生，每个人都要过关的，检查整个的思想。开批判会，要开好几次，如检查不通过，还得再继续检查，还是挺激烈的。那时，院里派了三位干部到植物所，其中有简焯坡先生，就住在昆虫室那个屋，夏天挺热的。胡先骕参加国民党，是敌我矛盾了。在院部，即原来静生所所址开大会，好多研究所都派人参加，全院批他。有一天，批到很晚了，散会后，吴征镒先生让我送胡先生回石驸马大街寓所，一路上他没有讲什么话。

## 关于胡先骕的工资问题

**1954 年植物所党支部总结节录：**

在忠诚老实和思想改造运动中，胡的情绪很波动，植物研究所的高级研究技术人员多数是他的学生，或者是过去在他的领导之下的工作人员，都给他提了很多意见，他认为是"众叛亲离"，在运动之后思想不稳。

在 1952 年底评薪，将胡评为三级，并排队把他排在他的学生和学孙的后面，胡甚为不满，他觉得自己过去一直在做领导，很讲派头，他屡次谈过植物所的所长他不做，让给别人来做，是宽宏大量。这次评薪将他压低，还排在徒子徒孙的后面，自己的面子不好看，下不了台。在排队对比时，胡忍不住气曾提出责问："裴鉴（华东工作站主任）怎能排在我前面？"他又指出："陈封怀（他的学生，庐山工作站主任）怎能和我相比，还排在我的前面？"（张副所长，汪发缵等都是胡的学生，而都排在胡的前面）胡大为不悦。在评薪之后，与胡相识的老科学家都说将胡的级别压得太低了。如戴芳澜先生曾向党员讲过："胡的工薪评得低了，是不合适的。"林镕、张肇骞、汪发缵也向党员提过此事，在党员征求意见时，张肇骞曾讲过，在评薪时，他觉得是有些偏差，但不了解党的政策而不敢提出。党员在征求胡的意见时，他谈到评薪的问题时说："我自做研究工作以来，从未拿过三等薪水，都是拿头等，为什么把我的学术水平降低，我不晓得是什么道理。"

（《党在贯彻团结科学家政策上的经验教训》，中科院植物所档案）

胡先生对李森科伪科学的批判，我看别的人没有他那个勇气。我看过李森科的文章，他吹捧斯大林，口号很肉麻。他靠斯大林的支持，把苏联摩尔根遗传学派给搞垮了，那些遗传学家可能受到迫害。胡老先生1955年出版的《植物分类学简编》一书，不知他在书中会谈到这方面的问题，并对李森科提出了批评。在那时往苏联"老大哥"一边倒的情况下，他因此而招惹了一场不小的批判。

那年3月到9月，植物所派我参加中科院举办的俄语翻译学习班，所以对这场批判当时情况不清楚。后来竺可桢副院长向胡先生道歉，我是在报纸上看到的。

再后来陈毅元帅给胡先生的《水杉歌》写出批语，在《人民日报》上发表，等于给他平反了。从我个人的感受，我觉得胡老有可爱的地方，他很坦率，不会耍阴谋诡计，这是我对胡老的认识。

解放后，胡老继续桦木科的研究，此外还从事木兰科、壳斗科、茶科

胡先骕书自作长韵《任公豆歌》

等其他科的研究，发表了一系列论文和《被子植物的一个多元的新的分类系统》这一重要论文，还编写出版了《种子植物分类学讲义》、《经济植物学》、《经济植物学手册》、《植物分类学简编》等著作。1959 年秋，分类室党支部将四川大学刚毕业的王蜀秀分配给胡老，因为那时胡老不常来所，主要在家工作，暂时让我带。我那时正接受了《中国植物志》毛茛科不少属的编写任务，工作量很大，我就让王蜀秀帮我从事唐松草属和侧金盏花属的编写工作。大约在 1961 年冬，胡老来所参加分类室的一次会议，在会上他谈到需要助手帮助工作。我一听感到不安，我不但没有帮助他工作，反而让他的助手帮我工作，立即向支部反映，王蜀秀便去帮助胡老工作。她经常到胡老家，往返送茶科等科植物标本。大约在 1964 年冬季，一次听王蜀秀说起胡老生活颇苦，胡师母长年患哮喘，胡老要经常给她打麻黄素等药水，还看见胡老在庭院里用煤泥做煤饼。"文革"中，我曾见到一次将胡老从家中接到所里批斗，把一面国民党党旗披在他身上。后来派车抄他家，将大量书籍堆在动物园植物所南院的一个房子里，就是后来汤佩松所长的办公室。

1983年在太原召开庆祝中国植物学会成立50周年年会，开幕式当天上午，理事长汤佩松先生作报告，回顾过去，展望未来。讲话称颂了一些对我国植物学发展作出重要贡献的植物学家，有钱崇澍、秦仁昌、吴素萱等先生，大概有七八个人，但没有胡先骕。当天下午分组讨论，分类组有100多人，在一个大房间，西南师范学院的戴蕃瑨先生①第一个发言。他说：上午理事长这个报告，我要提出一点批评。胡先骕先生，他不光是植物分类学的奠基人，他建立静生生物调查所，其中有形态解剖部分，有细胞学部分。他对我们整个中国植物学的发展，起到了奠基性的作用。对这样一个人，理事长的报告根本没提，我要提出批评。

我是在1981年认识戴蕃瑨先生的。那时和潘开玉到重庆药物所看苦苣苔科、毛茛科标本，看完就要回北京了，药物所陈善埔老先生告诉我们：重庆植物学会正在开会，你今晚去住到那个宾馆，明天我送你到火车站。那天晚上我们就到了那个宾馆，他和戴蕃瑨先生一起来宾馆，向我们介绍认识，这是我第一次见到戴老。他主要是搞形态，也搞一点分类，是钱崇澍、胡先骕、陈焕镛三老的学生。

胡老的缺点是骄傲，"我是国际知名"常挂在口边，他是想说什么便说什么，性格直率。他和郑万钧先生发现的活化石水杉，的确是轰动了世

① 戴蕃瑨（1901—2003），字叔珣，四川合川人。1926年毕业于东南大学，1932年北京大学研究生毕业。先后在中山大学、四川大学、中国公学大学部及西南师范大学任教，长期从事植物学的研究和教学。

界。我 1996 年在美国密苏里植物园，看到一株水杉树，已是那么高大，大概就是 40 年代末胡老、郑老发现以后不久，寄给他们种子栽培种植。1988 年吴征镒先生与密苏里植物园主任 P. H. Raven 分别代表中美两国签订合作出版英文版《中国植物志》的协议，就是在这棵树下签署。现在世界上到处都有水杉，他的贡献很大。

# 吴征镒

吴征镒（1916—2013），江苏扬州人。清华大学研究生毕业。1942—1948 年任清华大学生物系教员、讲师。北平解放时期任军管会高教处处长。1952 年任中国科学院植物研究所研究员、副所长。1958 年后任中国科学院昆明植物研究所所长。1955 年当选中国科学院院士。

吴征镒（摄于1980年代）

1949 年 11 月中国科学院成立，先后接管了位于文津街由胡先骕领导的静生生物调查所，和位于西直门外动物园中由刘慎谔领导的北平研究院植物研究所。静生所所址用作科学院院部，所有标本、图书、物品搬到北研植物所，两个机构合并，成立中国科学院植物分类研究所，这些工作都是在吴征镒先生领导下进行的。新所成立后，不知为什么，刘慎谔先生去

陆谟克堂

了东北①。北研植物所主要建筑是建于 1933 年的陆谟克堂，由中法教育基金委员会与北平研究院出资兴建，名为"陆谟克堂"，是以法国生物学家拉马克命名的②。这是一幢三层建筑，每层东西两侧各有 14 间办公室，共约 500 平方米，三层便有 1 500 平方米。第一层，原来是北平研究院动物学研究所，1949 年动物所一部分迁到青岛，合并到海洋研究所；一部分成立昆虫研究室，仍在动物园中。第二、三层是北平研究院植物所，第二层是研究人员办公的地方，第三层是植物标本馆。

1950 年 3 月，我进植物所时，所长钱崇澍先生尚在上海，还没到北京

---

① 吴征镒 1991 年在接受樊洪业采访时，对此有过解释。在回答 1949 年调整过去的机构时，是不是遇到很多困难，吴征镒说："这的确是一项复杂的工作，在当时是重点工作……只有化学方面没有成功，北研的周发岐离开了科学院，当然植物方面也有这样的情况，像刘慎谔就到了东北。合并以后一些老所长不掌权了，产生了一些思想问题。刘慎谔后来又回到科学院，在林业土壤研究所，现在叫应用生态研究所。"（《院史研究与资料》1991 年第 3 期）

② 陆谟克，今译为拉马克。

来，当时还没有任命。所里主持工作的还是吴征镒先生。我来所里的时候，虽已是 3 月，但天气还很冷，看见吴征镒先生穿着灰棉袄军装。当时，他因触电摔了一跤，受伤了，带着一个石膏架子。他是个近视眼，戴深度近视眼镜。我刚来时住在"唯一堂"旁边，那有几间小宿舍，和吴先生住一个屋。他告诉我，他和闻一多是好朋友，他床边放着一个手杖，说是闻一多送的。

当时所里成立了三人领导小组，除吴先生，还有北平研究院的林镕先生和静生生物调查所的张肇骞先生。三个人当中，哪个是主要领导，我也搞不清楚，后来他们三位都是副所长。

那时候，张肇骞、林镕、汪发缵、侯学煜等先生都加入民盟了，我是在 1952 年底和李世英一起加入的，介绍人是吴征镒先生。为什么要入民盟呢？情况是这样的，胡老介绍我到植物所，心里很高兴，我便提出要入共青团。当时科学院在北京的机构，按所在城区的位置分为几个区：中区是院部，在北海旁；东区就是原来北平研究院物理研究所、化学研究所；植物所在西直门外动物园属西区，在这里还有好几个研究所。西区没有一个团员，我到中区找了一个叫艾提的科学院团组织的领导人，可能是团书记，给他递上申请书。他岁数不小了，有 30 多岁了，挺好的一个人。1950 年四五月递上申请，到 1951 年的某一天，吴征镒先生找我说，你 25 岁都过了，现在也没有团友（我在师大的时候，25 岁以上称团友，可以加入），就不能入团了。他说："这样好不好，我介绍你入民盟，民盟也是党领导的组织。"那时我也搞不清楚民盟是一个怎样的组织，但我知道吴先生本人是民盟成员，就加入了民盟。汪发缵先生是我们民盟小组组长，开小组会，都到汪先生家。他们家住在西直门。有时也在侯学煜先生家开。我入民盟后，感觉就有点别扭，因为都是老先生，很受拘束。

1950年10月，由中国科学院植物分类所组织召开解放后第一次植物分类学学术座谈会。图为参加会议人员在中科院院部（前静生所所址）楼前合影。左起，前排黎盛臣、汤彦承、关克俭、杨作民、王文采、韩树金、徐连旺、王宗训；二排吕烈英、冯家文、赵继鼎、简焯坡、马毓泉、王富全；三排郑万钧、张肇骞、夏纬瑛、耿以礼、汪振儒、唐进、胡先骕、王振华、方文培、刘慎谔、林镕、郝景盛；四排夏纬琨、蒋英、傅书遐、匡可任、吴征镒、汪发缵

在解放前，吴先生参加了中国共产党。曾听韩树金同志说，在北平和平解放之前，吴先生常到动物园内北平研究院植物所的黄房子找简焯坡先生。他们是同学，同是地下组织成员。解放后，吴先生担任过接收科研机构和参与组建中国科学院各研究所的繁重工作。

那时候，北平研究院是由留法学者办的，院长李书华，物理所的严济慈，原子所的钱三强，植物所的刘慎谔、林镕都是留法的。静生生物所胡先骕和广州中山大学农林植物所陈焕镛都是留美的，解放前在植物学领域形成了几个学术界的"山头"。等待解放以后，要把植物学研究机构重新

组合在一起。当然，吴征镒先生也没这么说，我是这么猜想。他是想让大家一起合作，编一个东西。他提出，我们植物所在北京，也在河北省，我们最好编一个《河北植物志》。我来了不久，就到上方山、百花山，为《河北植物志》采标本。其实，编《河北植物志》这事，并没有什么人做，后来就流产了。胡先骕先生分配我搞紫草科，以前，中国没有人搞过。我还搞一个茜草科。后来，汤彦承先生是 1950 年来的，还有一个冯家文，第二年杨汉碧，第三年来的多，郑斯绪、戴伦凯都搞"河北志"。结果，因为大多数老先生都没有理这项任务，也就吹了。

## 1950 年代对《河北植物志》计划未完成原因的分析

首先，也是最主要的原因之一是思想问题，组内成员在不同程度上存在着个人主义，自由散漫作风比较严重，有些高级人员的工作凭个人兴趣出发，对科学研究应该为建设事业服务的认识不足，随便改变计划，这都说明对计划不够重视；其次，制定计划没有群众基础，只是少数人定了，并没有经过群众详细讨论，执行中发生困难也未予以克服。

[《植物分类地理组五年来（1953—1957）工作总结》，植物所档案]

吴先生是清华大学生物系毕业。他的老师是吴韫珍先生，学识渊博，绘制了被子植物多数科、属植物的花的构造等图，积累了大量资料，不幸在抗日战争中，于昆明西南联大时期过早地病逝。吴先生接下了老吴先生对中国植物模式照片的整理工作，核对照片和标本，查抄文献，花费了大量时间，也奠定了认识中国植物的基础。从 1956 年起，我开始《中国主要植物图说》毛茛科的编写工作，首先就利用了吴先生整理的该科卡片，这给我在查找文献方面提供了极大方便，节省了不少时间。

在植被研究方面，1956年，他与钱崇澍、陈昌笃两先生合作发表《中国植被的类型》，1980年主持编写了《中国植被》一书。在植物分类学方面，他研究过石竹科、唇形科、罂粟科、五福花科、桑科等多个科、属，发现不少新分类群。1998年与汤彦承、路安民、陈之端三先生联合发表了《被子植物新分类系统》，以及有关论文多篇。在植物区系方面，继1965年发表《中国植物区系的热带亲缘》一文及1979年的《论中国植物区系的分区问题》一文后，又发表了有关西藏、横断山区等多篇论文。在中药研究方面，1988年出版《新华本草纲要》一书。可见，在我国植物分类学等学科里，吴先生发表了大量论著，作出了巨大贡献。

## 汪发缵和唐进

汪发缵（1899—1985），字奕武，安徽祁门人。1923年就学于南京东南大学，受业于秉志、胡先骕，1926年毕业之后回家乡中学任教。1928年冬，受胡先骕邀请赴北平，参与静生所工作。抗日战争之后，任北平研究院植物所研究员，1949年任中国科学院植物研究所研究员。

汪发缵（摄于1960年代）

　　唐进（1900—1984），字英如，江苏吴江人。1926 年就学于北京农业大学农专部。1928 年初，被召来南京任科学社生物研究所植物部助理员，1928 年 8 月，协助胡先骕创建静生所植物部。其在静生所服务时间甚长，抗战后静生所复原时，仍回所工作。1949 年后任中国科学院植物研究所研究员。

唐进（摄于1960年代）

　　解放前，汪发缵、唐进两位先生都是在静生生物调查所工作，一起从事单子叶植物研究，一起外出采集标本，一起出国留学，一起撰写论文，通过共同的事业，两人结下深厚友情，值得称颂。

　　1952 年"思想改造"之后，植物分类室主任是汪发缵，副主任是唐进。汪发缵有鉴于 1936 年贾祖璋所编《中国植物图鉴》已出版十多版，很得读者欢迎，而这位贾先生并不是植物分类学家，是科普出版社社长，福建人。他将静生所、北平研究院等机构所出版的著作上的图，胡先骕先生编的《中国植物图谱》上的图，以及日本出版的植物图鉴的图，把所有这些图收集起来，编在一起，是个杂烩。因为那时候中国人的著作不多，所以贾先生的《中国植物图鉴》出版以后，在社会上，尤其是农林方面极受欢迎。植物所陈心启先生跟我说，他过去曾搞林业，成天就是靠《中国植物图鉴》鉴定标本。汪先生有感于此，决定由分类室编一本书代替这个图鉴，以解决全国鉴定标本的需要，因而提出编纂《中国主要植物图说》，选出 5 000 种植物。

那时候是向苏联学习，"一面倒"，学术方面也向苏联学习。苏联在农业上有草田轮作制，要为农业生产服务。在植物学方面，一个豆科，一个禾本科，对农业最重要，所以汪先生提出先搞豆科和禾本科。他和唐先生把单子叶的兰科、百合科等的任务都放下不搞了，亲自领导豆科的编写，分类室全部人员也都投入这个工作，还邀请其他所的人员参加。南京大学耿以礼先生是我国禾本科专家，汪先生派汤彦承先生到南京协助工作。全国搞禾本科的专家，像华南所贾良智，江苏所陈守良，西北所郭本兆，其他还有几位，一起到耿以礼先生那儿，就是为编写《中国主要植物图说》的禾本科部分。豆科部分在1954年就编完，1955年就出版了，很受欢迎。

《豆科图说》出版后，这时却出现了一个情况，钟补求先生和匡可任先生，他们俩也都参加了编写，匡先生做锦鸡儿属 Caragana，钟先生担任槐属 Sophora。这时，植物所领导真菌部分研究的王云章先生已自陆谟克堂206室搬走，我和傅书遐、刘瑛、郑斯绪，还有钟先生和他的三个学生李安仁、杨汉碧、金存礼，我们这么多人在一个大房间办公。有一天，快下班了，我和郑斯绪还没走，钟先生拿书来，给我们俩看，专门挑汪先生和唐先生他们俩的错。匡先生脾气不好，总是大骂，上至科学院院长郭沫若，下至收发室的老包，无一幸免。那时候，他们和汪、唐关系不知怎么搞得那么僵，有时候匡先生就在办公室大骂，汪、唐的办公室和他是隔壁，是可以听见的，但是就是不做声。汪先生、唐先生就好像是我在师大时遇到的那种情形，从来没有反驳过。那时候我都觉得……不久，陈焕镛先生在华南植物所对《豆科图说》提出批评；耿伯介先生在《植物分类学报》上发表一文，也对《豆科图说》的一些问题提出批评。这样一来，汪、唐两位先生编写《豆科图说》的热情受到影响。恰巧这时秦仁昌先生自云南大学调到植物所，接替他们主持分类室工作。《中国主要植物图说》如同 1950 年提出的《河北植物志》一样，也流产了，仅出版了豆科、禾本科、蕨类植物三种，即告中断。这次不同的是，大家写出不少科的稿子，只是没有出版，后来用在《中国高等植物图鉴》一书之中了。

## 《中国主要植物图说》计划

目的：普及植物分类学的知识，供大中学校教学和农林干部参考；内容：从中国已知的 3 万种蕨类植物和种子植物中，选择常见和有经济价值的 3 000~5 000 种，作成图说，每种各附一图，有简明扼要的关于特征、分布、生态、功用等记载，附图尽量采用旧有的图和照片，此外又有科属检索表。编辑工作除一部分由所外专家担任外，其余均由所内人员合作。项目进度如下：（甲）编辑中国重要植物 5 000 种名录，印成初稿本，送请各地专家改正和补充。1953 年春季完成。（乙）有重点地搜集已有的植物图，摄影制版，除供给图说的材料外，并充实资料室的资料。（丙）本书分科分册付印，先出有经济价值的科，如：1. 自裸子植物至柔荑花类的木本科；2. 豆科；3. 禾本科。第一年刊印 500 种，第二年刊印 1 500 种至 2 000 种，第三年刊印 2 000 至 2 500 种，基本完成。

（植物所编制《五年计划大纲草案》，植物所档案）

# 秦仁昌

秦仁昌（1898—1986），字子农，江苏武进人。1914 年入江苏省第一甲种农业学校，1919 年入金陵大学，1923 年任东南大学助教。1926 年，秦仁昌开始蕨类植物研究。1930 年往丹麦入哥本哈根大学留学，后往英、法、瑞典等国访学。1932 年回国，入静生所任标本室主任。1934 年任庐山森林植物园第一任园主任。抗战胜利之后，任教于云南大学。1955 年当选中科院学部委员，1956 年调入中科院植物所。

秦仁昌（摄于 1929 年）

　　1955 年，秦仁昌先生自云南大学生物系借调到植物研究所，1956 年正式调来，担任分类室主任。其中原委，我不大清楚。我那些年出差多，有时在外时间少则一个月，多则半年，对所中发生的变化不大了解。

　　秦仁昌老先生的学术成就是同行公认的，到目前为止，中国植物分类学界得国家自然科学奖一等奖就他一个人。在我们植物所所有老先生中，他最精明，干什么都成。秦先生是 1930 年到了丹麦的哥本哈根，那里有当时世界蕨类的权威之一 C. Christensen，相当于他的导师。以后，他又到英国、法国、瑞典等国看标本。英国分类学家 J. D. Hooker 过去关于蕨类的

1963年10月秦仁昌与英国蕨类植物学家
霍尔托姆(R.E.Holttum)在北京颐和园合影

工作，经秦老一整理，将过去水龙骨科不自然群，按照亲缘关系重新划分，建立了一个蕨类分类新系统。他和他当时的丹麦老师及美国的蕨类专家 E. B. Copeland 被称为世界三大蕨类权威，这是傅书遹先生对我讲的。对 Hooker 工作中的问题，那两位权威都没看出来，秦老看出来了，并作修正，在国际植物学界产生影响。在改革开放以后，英国一个叫 Jermy 的蕨类专家，特意到中国来，与他商讨学术问题，到中关村他家里拜访。他腿摔了，行走困难，不能来所上班。日本及世界各国搞蕨类的都来看他。在钱老、胡老的学生中，能在国际上产生影响的，就他一个。他得自然科学奖一等奖是应该的，是了不起的。

根据秦老的研究经历，我曾向植物所领导建议，以后，我们中国分类学的发展，标本馆的建设，图书馆的建设，要争取达到世界一流水平，还有很多工作要做。我们标本馆现在有二百万份标本，与世界一流的标本馆，如英国邱园、法国巴黎植物所、圣彼得堡植物所相比，他们都有七八百万份，而且拥有世界五大洲的标本。我们只有二百万份，主要是中国的标本。如讨论植物的亲缘关系和地理分布等，没有看到全球的标本，就没有发言权。秦老之所以能发现 Hooker 工作的问题，能制定出新系统，那是因为他在国外几个大标本馆研究了大量标本的缘故。如果他不出国看标本，只看中国的标本，他就不能了解前人工作中的问题，不能产生新的学术观点。毛主席在《实践论》中讲，吃梨子，你要亲自尝一尝。你没见过，就发表议论，不是空的吗？图书馆也要能够一点点地搜集，搜集包括世界各地的植物学文献。我们真的要赶上世界水平，这些都是基本条件，要一点点地积累，在人力、物力上都要下功夫。我觉得秦老、胡老，很早就有世界眼光，研究植物，不仅需要死植物的标本，还要有活植物，所以他们提出来中国应该有一个植物园。后来胡老看中了庐山，他是江西人，想创建一个高山植物园。他为这个奔走，找国民党的大官，找江西省政府主席，谈妥了，谁去领导这个工作？是秦仁昌，他自告奋勇。胡老也非常高兴，他行政能力很强。秦仁昌去庐山选址，并担任第一任主任，陈封怀先生以后也去了。抗日战争中，静生所都退到昆明去了，胡老一个人坚持在北平，汪发缵和唐进在昆明成立了农林植物研究所，后来俞德浚也去了昆明。秦老从庐山也撤到昆明，觉得那儿太挤了，他将庐山植物园又迁到丽江，领着冯国楣就在那儿采标本，继续他的蕨类植物研究，采的标本很多。后来，经济上困难，开什么松香厂。秦老做买卖这些事也都行，秦老的行政能力是特别强的。

1959 年分类室领导派我帮助秦老进行《中国植物志》第二卷蕨类的编写，我担任的是莲座蕨科和里白科几个属植物的描述工作。那时，已从植物所调到武汉植物园的傅书遐先生也参加一些属的编写工作。1974 年《植物分类学报》复刊，秦老当主编，我当了编委。到 1979 年，秦老因在"文革"期间腿摔了，身体很差。那时的党委徐全德书记，还有学报的鲁星让我担任《植物分类学报》的责任副主编，副主编中把我排在前面，其他副主编是郑万钧、俞德浚、徐仁等先生。以后在审稿工作中，有什么不懂的地方就去找秦老。我和编辑部董惠民经常到秦老家，有很多我们不能决定的，我都提出初步意见，请秦老最后审定。每次到他家，请教完了就赶紧退出，不便多打扰老先生。我在工作当中，不管是对秦老、胡老，还是其他老先生，都是请教完了赶紧退出。现在想来，没有跟老先生聊聊天，没有问问他们以前的情况，这是我感到十分遗憾的。

# 张肇骞

张肇骞（1900—1972），字冠超，浙江温州人。1922 年入东南大学生物系，1926 年毕业留校任教，后获中基会之资助，派赴英国邱园和爱丁堡植物园留学，研修植物分类学和植物区系学。1935 年自英返国，先任教于广西大学，旋改浙江大学，后至中正大学任生物系教授，兼系主任。1946 年任静生所技师，1949 年任中科院植物所研究员、副所长，1955 年当选中科院学部委员，1955 年调中科院华南所任副所长。

张肇骞(摄于 1950 年代)

1949 年秋，胡先骕先生找我编写图鉴，我开始到静生生物所看标本时，第一次见到张肇骞先生，听说他是菊科专家，那时还在北大生物系教植物分类学。1953 年我和傅书遐先生在同一办公室工作，在那以前，傅先生与张先生同一办公室。傅先生告诉我，张先生有 8 个小孩，家务很繁重，由于经济关系，吸烟只买价钱最低的品牌。由此我想到，张老于"文革"中 1972 年因肺癌病逝，除"文革"中被批斗原因外，吸劣质纸烟可能也是重要原因。

大约在 1949 年冬，北京植物学会在协和医院礼堂开学术会，在会上张先生作了菊科新属异裂菊属 *Heteroplexis* 的报告，北大马毓泉先生作了龙胆科新属扁蕾属 *Gentianopsis* 的报告。1950 年植物分类研究所成立，张先生任副所长，大概在 1952 年，他和林镕先生一起由吴征镒先生介绍加入民盟，后来入党。那时，黄成就先生来植物所，一次他告诉我，他的研究论文是牻牛儿苗属 *Geranium* 的研究，导师是张先生。我与张先生交往不多，有两次在一起工作，一次是到广西出差，另一次是到北大教分类学。

可能在 1952 年年底，植物所生态室主任侯学煜先生为了统一全国生态调查规格，决定邀请全国生态学同行，进行一次野外研讨考察，地点选择在广西兴安县大溶江。这里自然条件较复杂，有丘陵、有高山，土壤方面有酸土，也有碱土。时间定在第二年的 4 月。那年 4 月初植物所广西队的李世英、王献溥、王文采，湖南队的黄成就、姜恕、黎盛臣和北大地理系陈昌笃先离京赴桂，到桂林雁山与广西植物所进行联系等准备工作。4 月中旬各研究所和生物系的有关人员都抵达大溶江，除植物所的人员外，有云南大学的曲仲湘教授，江苏植物所的单人骅教授，广西植物所钟济新、梁畴芬教授，华南所的何少颐、贾良智、周远瑞，西北植物所的张珍万，总共有 40 余人。不料，这次侯先生因突然病倒，临时改由张肇骞副所长来替他主持考察工作。在 20 多天工作期间，全队分成三组工作：第一组以张、单两先生为首，在丘陵地区的司门乡工作。第二组由曲先生、李世英为首，在低山区的华江工作。钟济新、黄成就和广西植物所的技工梁恒三人为第三组，到华江之上游猫儿山工作。我被分在第一组，常常与张先生一起采集标本，跟他认识不少植

张肇骞手迹

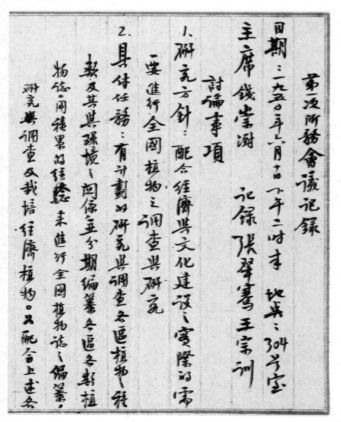

物。5 月初，考察工作结束，全队人员又返回大溶江。在总结会上，张先生有一个较长的发言，谈到生态考察，各兄弟单位开展合作等。我没有想到张先生在发言中，还谈到分类学工作方法。他说搞一个属，要进行全面的修订工作，但不要陷进去，大致了解后，就要出来。他这个思想，我认为很重要，给我留下深刻的印象。那年 10 月广西队工作结束，返回北京后，我就开始了《中国主要植物图说》豆科山蚂蟥属 *Desmodium* 的编写工作。按照张先生所说，收集此属标本进行全面鉴定，然后选出约一半的种写出此属的初稿。以后，在研究其他科如毛茛科、荨麻科、葡萄科、牻牛儿苗科、苦苣苔科、桔梗科等科时，也都是按照研究山蚂蟥属的方法进行工作。

1954 年，北京大学生物系邀请植物所三位副所长张肇骞、林镕和吴征镒担任植物分类学一课，实验则由黄成就、汤彦承和我担任。在那年春季，一天张先生去北大，讲的是亚麻科、牻牛儿苗科等科，我负责实验。后来，张先生和我谈起，在讲课头一天晚上，家务事结束后，才开始写上述各科的讲义，用毛笔，字写得很小。张先生的书法功夫很深，字写得工整有力。由此，我看到张先生植物分类学基础坚实，知识渊博，工作作风认真负责，是一位受人尊敬的导师和领导。1955 年后，张先生调到华南植物所任副所长，我听说他全面领导华南所各研究室工作，并亲自参与不少与生产联系密切的研究工作，这也许是他后来菊科以及其他分类学研究都不多的原因。

# 陈焕镛

陈焕镛（摄于1950年代）

陈焕镛（1890—1971），字文龙，号韶冲，行十三。1890 年生于香港，由古巴籍西班牙人伊丽沙所生。自幼即由其父之美国友人带往美国就学，终入哈佛大学，得硕士学位后归国，自 1922 年起与秉志、胡先骕、钱崇澍一起在南京开创我国现代生物学的研究事业。任教于金陵大学、东南大学，后往广州任教于中山大学，并创办著名的中山大学农林植物研究所，自任所长达 20 年之久。对中国华南地区的植物进行了大规模的调查、采集和研究，编辑出版植物学专门刊物《中山专刊》（*Sunyatsenia*）。1952 年后该所改隶为中国科学院，名为华南植物研究所，仍任所长，并于 1955 年当选为中科院生物学部委员，中国植物学会副理事长。晚年主持《中国植物志》的编纂。毕生从事植物分类学的教学和研究，1971 年逝世于广州。

陈焕镛老先生和钱老、胡老一样，都是我国近现代植物分类学研究的第一代人，培养了大量学生，像秦仁昌、戴蕃瑨等先生都是他们三老的学生。1954 年左右，我研究樟科植物，看了陈老一些樟科著作，了解到陈老的英文和拉丁文水平都很高。后来又听说，他读过许多英国文学著作，包括不少小说，在美国时曾教过英文。1955年中苏云南考察团成立，有苏联柯马洛夫植物所数位专家参加，他们在广州见到陈老时，对陈老一口流利英语深为吃惊。大约在1954年，陈老和吴印禅先生来京，钱老、林老等在陆谟克堂会议室接待他们，在这里我第一次见到陈老和吴先生。1957年陈老又来京，大概是为了与匡可任先生商讨合作发表银杉 *Cathaya* 新属的事。1960年陈老作为主编之一再次来京，主持《中国植物志》（另一主编是钱老），在动物园黄房子办公。

陈老在华南所主持编著《海南植物志》。1962年冬，初稿完成，邀请我们分类室的同志到华南所参加审稿工作。第一批有杨汉碧、郑斯绪、陈

1962年12月，华南植物所所长陈焕镛教授邀请中科院植物所分类室人员到广州参加《海南植物志》审稿，工作结束后，往鼎湖山考察并合影。前排左1郑斯绪、左2杨汉碧、左4陈焕镛、左5高蕴章、左6卫兆芬；后排左起黄成就、陈艺林、王文采、陈介，右1为张永田

介、陈艺林、张永田和我；第二批有汤彦承、戴伦凯、石铸等。我们参观华南所后，住在办公楼一间房里，陈老住在羊城宾馆。假日，陈老请我们到越秀公园游览，在宾馆用餐。在那里，我第一次吃到蛇肉。陈老还带我们参观过去的中山大学农林植物研究所旧址。在他的办公室看到他写的一副对联，知道他在书法上下过功夫，学的是赵体，字写得端庄秀丽。在审

陈焕镛先生手迹

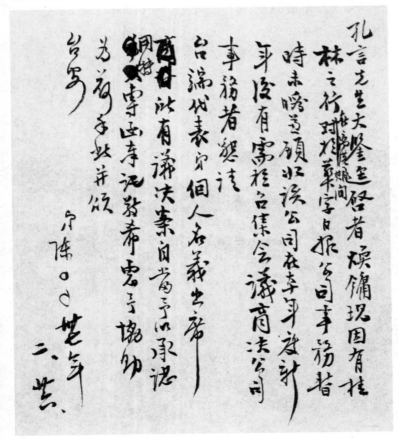

稿工作结束后，他又带我们到肇庆鼎湖山和七星岩，看到了这里丰富的热带植物区系，看到陈老描述的木兰科的新属、新种观光木。

陈老是华南植物区系的专家，在上世纪 20 年代自美国学成返国后，曾在海南、两广考察，发表了大量有关华南植物区系，有关樟科、壳斗科的论文，发表了多个新分类群。陈老身体很好，1962 年他已是 72 岁高龄，在登鼎湖山时，他一直在我们前面快步爬山，直至见到观光木。但是，在"文革"中，他遭到残酷迫害，听说造反派的领导让他睡在阴湿的地上（对华南所另一位老先生陈封怀稍好些，给一块木板当床用），加上无休止的批斗，终于在 1971 年被迫害致死。

## 郑万钧

郑万钧（1904—1983），江苏徐州人。1923 年毕业于江苏省第一农业学校林科，留校任教，旋任东南大学助教。1929 年后任中国科学社生物研究所植物部研究员。1939 年赴法国图卢兹大学森林研究所研究森林地理，获科学博士学位。回国后，任云南农林植物所副所长。1944 年任教于中央大学。1949 年后任南京林学院教授、副院长、院长。1955 年当选学部委员。1962 年后调中国林业科学院任副院长、院长。

郑万钧（摄于 1960 年代）

1950 年 10 月，植物所召开了一次植物分类学座谈会，全国多数分类学家都来京参加这次会议，不知何故，华南所的陈焕镛先生，江苏所裴鉴和单人骅先生未参加。在这次会上，我第一次见到郑万钧先生。那时，郑先生与其他先生不同，衣着非常朴素，有些老农民的模样，给我留下深刻印象。我与傅书遐先生在同一办公室工作时，傅先生曾向我介绍过郑老，说郑老非常用功，把 C. S. Sargent 主编的 *Plantae Wilsonianae* 都看熟了。在 1953 年郑老长子郑斯绪分配到植物所后，也曾向我谈到他父亲做学问的故事。说郑老过去常把自己关在标本室中，倾全力于标本的研究，真是废寝忘食。在老先生中，这样刻苦的人不少，我听说陈焕镛先生也是这样。

1959 年秋，"中国植物志编委会"成立，秦仁昌先生紧张工作，计划出版蕨类一卷，以向国庆 10 周年献礼。郑老主持的裸子植物一卷也加紧工作，分类室领导派我参加这一卷的编写工作，得到一次跟随郑老工作的机会。那时，我了解到华南植物所刘玉壶先生在协助郑老进行松属的编写，武汉植物所傅书遐先生参加云杉科的编写，分类室的崔鸿宾先生参加杉科的编写，郑老让我参加柏科的编写工作。在编写柏科的过程中，我了解到郑老研究裸子植物已有多年历史，收集了大量标本和文献资料，在柏科肉质球果群中，根据叶基部是否下延和胚珠着生位置等特征，郑老认为圆柏属 *Sabina* 和刺柏属 *Juniperus* 是两个独立的属，对此，我也赞同。1982 年郑老患痛风，在用药上，因过多使用了秋水仙素，损坏了骨头造血组织，第二年去世了，实为不幸。

# 傅书遐

傅书遐（1916—1986），字星寿，江西南昌人。1942年就学于四川大学四年级园艺系，因参与驱逐学校教务长的运动，而被学校当局开除。1943年夏，往江西中正大学静生生物调查所办事处跟随胡先骕，1946年随静生所复员来到北平，后又随静生所并入中科院植物分类所。

傅书遐（摄于1960年代）

傅书遐先生比我大十岁，生于1916年。我国有四位植物分类学家生于这一年，除傅先生之外，还有植物所简焯坡先生、昆明植物所吴征镒先生和内蒙古大学马毓泉先生，如今这四位先生中，吴先生、马先生还健在。

前面我已介绍过，在1949年初冬，胡先骕先生找我协助他编一部植物图鉴。过了几天，傅先生骑自行车亲自从静生生物所来到师大生物系，把编图鉴的植物名录送给我，这是我第一次见到傅先生。在此之前，胡老和王富全先生都未向我介绍过傅先生。我接过名录，只向他道谢，其他未说什么，他就返回位于北海公园西边的静生生物调查所了。1950年3月，我调到植物所时，傅先生和张肇骞先生在一个办公室，到了1953年他和我同一个办公室。这以后我在学习、生活等各方面都得到了傅先生的热心帮助。

那时，我刚完成《河北植物志》紫草科和茜草科的初稿，但对于有关中国植物分类学的外国文献仍不熟悉。中国人开始采集植物标本，以及开始发表分类学论著都在上世纪初。在此之前，早在 17 世纪末，就不断有外国人到中国采集植物标本。尤其在鸦片战争之后，国门大开，欧美等国多数采集者，纷至沓来，所到之处，遍及全国各省、区，采走了大量植物标本，存放到他们各自国家的植物标本馆，由这些国家的标本馆的专家研究，大量的研究成果发表在这些机构的学报上。因此要研究中国植物分类学，就要查阅许多欧美国家的学报，要懂不少国家的文字。我刚开始搞分类学研究，首先遇到的困难，就是查找有关外国的学报，常常在图书馆里转来转去，总也找不到。每当我向傅先生求助，他都立刻带我到图书馆，顺利找出我需要的学报或书，这对我的研究工作帮助很大。同时，我也对傅先生热心助人的精神深为感动。后来我遇见年轻同志在查找书刊有困难时，也效仿傅先生，带他们到图书馆去帮助查找。1954 年我出差到江西，1956 年出差到云南，野外工作时间都较长，一去几个月，此期间每月的工资都是傅先生热心领取，亲自送到我家，交给我爱人。

1953 年，我们在同一办公室后，我发现傅先生在研究方面兴趣广泛。那年，他负责《中国植物科属检索表》的具体编辑和编写工作，他还担任了景天科、爵床科等科分属检索表的编写。爵床科的花粉构造相当复杂，并且对一些属的划分有重要意义。不知傅先生从哪里借来一架显微镜，有一段时间，他观察了该科不少属的花粉形态。那时，他对景天科的研究，发现了数个新种；此外，也看到他收集一些苔藓植物和蕨类植物标本。在《中国主要植物图说》豆科部分中，他承担了胡枝子 *Lespedeza* 等属的编写任务。这个任务完成后，他又开始了此书蕨类植物的编写，于 1954 年出版了《中国蕨类植物志属》，于 1957 年出版了《中国主要植物图说·蕨类植物门》。后一本书出版后，得到了蕨类专家秦仁昌先生的赞扬。我记得在分类室全室的一次会议上，当时任室主任的秦老在谈分类室工作情况时，忽然谈到了刚出版的蕨类图说，认为此书选择了我国常见的，且有经济价值的种类，形态描述简练，对蕨类植物分类学的普及很有意义。尤其对此书在每科的描述之后，附上有关重要参考文献，赞赏不已，因为这有利于初学者进一步查阅文献，以利提高。

傅先生患有肺病，1957 年病情加剧，动了手术，病愈后调到武汉植物所工作。在 1959 年 4 月，来京协助秦仁昌先生编写《中国植物志》第二卷蕨类。从那以后，直到 70 年代中期，每年夏季都来植物所进行中国景天科志和《湖北植物志》的编写。《中国植物志·景天科》第三十四卷，由他与傅坤俊先生合编，于 1984 年出版。《湖北植物志》由他主编，第一、二两卷分别于 1976 年和 1979 年出版，其余四卷于 2001—2002 年全部出齐。

在 1980 年的夏天，我参加中科院工会组织的休养团，到庐山休养一个月。当时去庐山，走的是京广线，先乘火车到武汉，再从汉口乘轮船到九江。在武昌停留一天，我利用这个时间到位于武昌磨山的武汉植物所看望了傅先生和他的夫人吕烈英先生，这次会晤竟是我最后一次见到他们。1986 年，傅先生年届古稀，就在这一年病逝了。不几年，吕先生也过世了。

数年前，有一阵子谈论上世纪胡先骕、郑万钧两位先生关于活化石水杉的重要发现，看到报纸上一篇报道说，约在 1946 年，胡先骕先生在其助手傅书遐先生的协助下，查阅文献，得知产于四川万县磨刀溪村的水杉，应是 1941 年日本古植物学家三木茂根据化石植物建立的古植物属 *Metasequoia* 的植物。这个鉴定明确后，胡、郑两先生才联名于 1948 年正式发表了水杉属 *Metasequoia* Miki ex Hu & Cheng 和新种水杉 *Metasequoia glyptostroboides* Hu & Cheng。看过这篇文章后，我才知道，在水杉发现的过程中，傅书遐先生在协助胡老的研究中作出了重要贡献。我和傅先生相识的 30 多年中，他竟从未和我谈到过此事，由此可见傅先生乐于帮助他人，不计较自己名利的高尚品德。

# 冯晋庸

冯晋庸（摄于 2003 年）

冯晋庸（1925—　），江苏宜兴人。1943 年入江南美专，跟随冯澄如学习植物科学画。1948 年入北平研究院植物研究所，开始从事植物绘图，随即转入中国科学院植物分类研究所，参与《中国高等植物图鉴》、《中国植物志》等多部著作绘图工作。

在 1949 年冬，为了进行图鉴的编写工作，我开始到静生所植物标本馆看标本。那时，看到胡先骕先生编著的《中国森林树木图志（桦木科）》，和他与陈焕镛先生合作编著的 5 卷本《中国植物图谱》，得知这些大图谱都是著名植物科学画专家冯澄如先生①所绘。还听说冯先生培养了不少学生，已是不少生物学研究机构绘画方面的骨干，为我国科学绘图事业作出重要贡献。遗憾的是，那时冯先生已离开北京，去了南京，而未能见到他。

我来植物所工作后，认识了冯澄如先生的一位学生，即冯晋庸。这位小冯先生长我一岁，与冯澄如先生和徐悲鸿先生是同乡，都是江苏宜兴人。我在上世纪 70 年代编写我国毛茛科志，在 80 年代编写苦苣苔科志，都请他绘制多幅图版。他的墨线图，比例准确，线条简练，枝、叶、花都画得生动，表现出植物科学画的很高水平。他为我绘的图版，让二科志大为增色。他的彩色图也极有功力，上世纪 50 年代，他为胡先骕先生山茶属新种画的彩色图，刊登在《植物分类学报》上，获得广泛赞誉。冯先生也擅长国画花卉，如牡丹、梅花、水仙等，他的写意墨鱼尤为精彩，栩栩如生，令人叫绝。

在"文革"中，一次作军马草调查，我有机会与冯先生一同出差广西。在广西南部山区，白天冯先生和大家一齐在野外奔走，采集可做军马草的植物。晚上回到住地，我们可以休息，冯先生却不能，他马上拿出画具，照着新鲜植物画起彩色图来。那时当地气温已相当高，除了天气炎热

---

① 冯澄如（1896—1968），江苏宜兴人，出身于耕读之家。1909 年考入省立无锡第三师范，对书画产生了浓厚的兴趣。1916 年毕业，1920 年受聘于南京高等师范学校，任国文、史地预科图工教师，与秉志、陈焕镛、胡先骕相交往，为生物学教学和生物学著作绘制插图。1928 年静生生物调查所成立，为该所植物部研究员兼绘图员。抗日战争期间，曾在家乡宜兴创办"江南美术专门学校生物画专修科"，培养绘图人才。

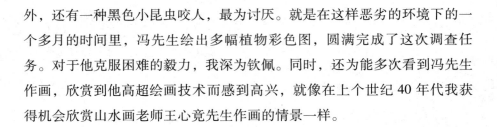

外，还有一种黑色小昆虫咬人，最为讨厌。就是在这样恶劣的环境下的一个多月的时间里，冯先生绘出多幅植物彩色图，圆满完成了这次调查任务。对于他克服困难的毅力，我深为钦佩。同时，还为能多次看到冯先生作画，欣赏到他高超绘画技术而感到高兴，就像在上个世纪 40 年代我获得机会欣赏山水画老师王心竟先生作画的情景一样。

　　看到这么丰富的植物区系，我真的成了刘姥姥进入大观园，绝大多数树种以及灌木、草本都不认识。

　　我不幸染上恶性疟疾，到12月，病势越发严重，多日高烧不退，吃药不见效，四肢无血色。在这危急时刻，昆明植物所武素功等4名青年同志为我输血1 600毫升后，体温才逐渐降下来，也就把我从死亡的边上拉了回来。

　　在国内考察中，我看到各地森林砍伐严重，这对我国生态环境造成严重损害，对人民生活，对国家经济建设极为不利。

第 **3** 章

# 植物调查

## 河北考察

1950 年 3 月，我调到植物所时，所里为消弭静生生物调查所和北平研究院植物研究所的门户之见，已决定集体编写《河北植物志》。为了编写此志，需要采集早春开花的植物标本。当年 4 月初，我即和真菌学家赵继鼎、标本馆韩树金到房山县上方山采集，采到正在开花的槭叶铁线莲 *Clematis acerifolia*，北京忍冬 *Lonicera pekinensis* 等植物。

6 月，我又和赵继鼎，标本馆的徐连旺到百花山采集。我们从周口店向西行到达百花山东南坡的史家营，在一个老乡家住下。第二天，在村庄附近的山地采集。第三天早上，我们离开史家营爬向山顶，并越过山顶，到北坡采集至下午，已不可能返回史家营，就在南坡的黄家坨住下。第四天，在北坡、南坡选了几个点采集，近傍晚时回到史家营。等我们回到住地，把前天在史家营一带山地所采的标本夹打开一看，糟糕了，标本出问题了。那时山中多雨，空气湿度大，标本在夹子里捂了近两天，变湿的草纸未能及时撤出，换入干纸，这使多数标本的颜色变黑，少数则开始发霉，标本质量大受影响。工作结束回到所里，我没有想到吴征镒先生马上来看我们采的标本。看到这些标本，他对我们提出了严肃的批评。从这次得到了教训，我在以后的采集工作中牢记压制标本及时换纸的重要性，再也未犯类似的错误。

9月，黎盛臣、汤彦承、冯家文大学毕业，分配到植物所工作，我又和他们及真菌学家杨作民再次到百花山采集。第二年4月下旬，我与生态室的李世英，以及赵继鼎、冯家文四人到小五台山采集，采得正在开花的银莲花 Anemone cathayensis，五福花 Adoxa moschatellina，胭脂花 Primula maximowiczii 等。1951年9月，我与标本馆的张敬，植物园的张福寿到密云县雾灵山和兴隆县六里坪子采集。张福寿在此次考察中采到大量种子，返回北京后得到植物园主任俞德浚先生的表扬。

1950年7月，王文采（中）和韩树金（右）随侯学煜院士到秦皇岛考察海滨植被时留影

# 广西考察

1952 年底，中科院邀请农、林、卫生部门领导同志作报告，介绍各个产业部门对植物学方面的需要，以便安排所里的工作，达到为生产服务的目的。第二年，植物所即派出黄河综考队、广西队、湖南队等考察队。广西队由生态室李世英、王献溥、王金亭、赵机潛，分类室的我及植物园的阎振茏等 6 人组成，任务是调查橡胶树及奎宁树宜林地。4 月初我和李世英、姜恕等先赴雁山广西植物所，为统一野外生态调查规格作准备，并邀请到广西所的陈立卿、覃灏富两先生参加广西队工作。5 月初，统一生态调查规格的研究考察在兴安县大溶江结束后，我们广西队以及陈立卿先生等即乘火车到达南宁，以后到凭祥石灰山区，龙州南部的大青山，以及百色山区工作。9 月，野外工作结束，返回雁山广西所。这时收到植物所拍来电报说，当年分配来所的大学生将到雁山，由广西队负责他们在广西进行地植物学实习一个月。很快 8 名同志来到广西，他们是分类室的郑斯绪、戴伦凯，生态室的胡式之、杨宝珍、王义凤，资源室的朱太平和两名地理系毕业的同学，以及植物园的汪嘉熙。按当地的植物类型给他们分配调查任务，10 月下旬各写出报告，全队工作全部结束，离开桂林返回北京。

这次参加广西队考察，是我有生以来第一次南下过长江，到达华南，在汉口下火车乘渡轮过江。那时武汉长江大桥尚未修建，看到清澈东流的浩荡江水，不胜激动。到广西后见到甲天下的桂林山水，真是高兴。在大青山山谷中，第一次见到了茂密的热带雨林，令人兴奋不已。在这次考察中，我要协助队长李世英同志搞好宜林地调查，并负责撰写报告，还有不少植物群落调查工作，任务繁重。我还是尽量找时间，解剖一些热带植物科、属的花，并尽力绘图。陈立卿老先生熟悉广西植物，样方中的不少幼苗和没有花、果的标本，他都能鉴定出学名，对我们这次考察贡献很大。技工覃灏富同志工作勤恳努力，他一人为考察队采集了大量标本，还采到葡萄科新种龙州葡萄 *Vitis ficifolioides*。10月份，我与郑斯绪采到了毛茛科新种湘桂铁线莲 *Clematis xiangguiensis*，这个种分布于我国广西东北部和湖南西南部。上世纪30年代奥地利学者 H. Handel-Mazzetti 将其误定为日本栽培种 *Clematis florida*，我在《广西植物志》第一卷（1991）的毛茛科部分中也接受了他的错误分类学处理。2004年，我研究了 *Clematis florida* 所隶属的铁线莲组 Sect. *Viticella* 的全部种的标本，包括 *Clematis florida* 的日本栽培标本，经过仔细研究后，我才了解分布于我国5个与 *Clematis florida* 相似的野生种都与 *Clematis florida* 不同，也就是说 Handel-Mazzetti 等学者关于 *Clematis florida* 在中国分布的报道实际是根据错误鉴定做出来的，应加以改正。

## 江西考察

1953年底植物所在业务工作总结时，分类室主任汪发缵提出1954年派考察队到江西武功山采集，得到所领导同意，并决定生态室、植物园也派人参加。这样江西队成员组成有分类室的我、郑斯绪、韩树金、黄伯兴，生态室的姜恕、王献溥、赵机溶，植物园的黎盛臣，另外还有庐山植物园的熊耀国、李启和两同志参加。野外工作分春秋二阶段进行。1954年4—6月，我和姜恕、黄伯兴及庐山工作站的熊、李两同志到武功山进

考察队员在江西萍乡武功山蔡家山汪狗冲留影。前排左起王献溥、黎盛臣、黄伯兴、赵机濬；二排左起王文采、李启和、胡启明、姜恕、陈灵芝、张丽明；三排左起熊耀国、郑斯绪

行了采集。

　　我们五人在武功山北坡山脚汪狗冲小村一老乡家住下。那时是雨季，山中更是多雨，空气潮湿，压制标本的湿纸日渐增多，没有太阳，无法在院落中将湿纸变干，最后只好用做饭的大铁锅来烘烤湿纸。不料一天铁锅在火中突然出现裂缝，我赶紧托老乡在山北面的新店镇上买了一个新锅换上，以后就不敢再用铁锅来烘烤纸了。在采集标本时，燃烧木炭烤湿标本纸，是一个危险工作，如不小心，就会引发火灾。1956年中苏考察团在云南屏边大围山工作时，在山谷中修建了茅草房。第二年，又有人去该山采集，在烤纸时，不慎烧掉一些草房。

## 王文采致函熊耀国

熊夫子：

今晨接到您的信，下午接到"大血和"一包，谢谢，诸多费心。药费及邮费下月见面时交给您罢。关于药的分量还不清楚，多少药泡在多少酒中，泡多少时间，每次喝若干，希暇中示知为感。

寄来的标本，早已收到，关于第二阶段工作事，我返京后，即向所长室建议，希速成立第二阶段队的组织，好推动准备等工作，以后无消息。本月初侯学煜先生带领一些助理员及研究实习员去山西中部一带工作，最近才回来，但姜恕等数人，尚留在工作地，大约再过一两天，才能回来。今天才提起第二阶段工作事，和生态室等同志漫谈工作任务，向所长室建议，决定任务、队长，好进行准备工作。现在时间已是不早，应该早日搞好，待有何决定，当定及时报告您。夏金安不能去武功山，庐山站是否还能有技工同志参加？希示知。生态室原定有两练习生参加工作，据侯先生说，只能派一个去，调查工作事烦，站上能派技工参加工作最好。

海南队于上月中返京，定八月底再返海南。张副所长近日先去海南。林副所长约在八月初去黄河。所中室内工作也够繁的。北京今年多雨，尤其近一个月来，始终阴雨，很少晴天，是多年来未有的现象。江西雨水近来怎样，上山工作有无大碍，您的观察如何？亦希暇中见示为盼。

敬礼

王文采　七月廿六日

（此函藏于江西省中国科学院庐山植物园）

当年 8 月下旬，以上所列全体队员又到武功山，进行采集和植物群落样方调查工作。在 9 月，新分配到生态室的陈灵芝和分配到植物园的张丽明，以及河北师大的一位教员刘濂也从北京到达武功山，参加考察工作。10 月 1 日国庆节后，武功山工作结束，我与王献溥、陈灵芝、刘濂、赵机潘到萍乡县北部丘陵地区工作，黎盛臣、姜恕等其他队员到南丰考察柑橘。两个小队工作都在 11 月结束，于南昌会合后，分别返回北京和庐山。

庐山植物园熊耀国先生采集经验极为丰富，熟悉江西植物区系。在工作中，我跟他认识不少植物。2004 年我到江苏植物所看标本，见到熊先生的儿子，得知他已于 2003 年过世，享年 91 岁。李启和同志善于爬树，所以这次考察中，乔木标本采得很多。

胡先骕先生在 1920 年曾在江西西部进行了深入的采集。德国毛茛科专家 E. Ulbrich 在 1922 年根据他在武功山采的一标本描述了新种 *Isopyrum flaccidum* Ulbr. 应归并到蕨叶人字果 *Dichocarpum dalzielii*（Drumm. & Hutch.）W. T. Wang & Hsiao，又根据胡老在上犹采得的一标本描述了另一新种阴地唐松草 *Thalictrum umbricola* Ulbr.。这次在武功山采到了蕨叶人字果。

在这次采集中，还采到毛茛科一新变种，狭盔高乌头 *Aconitum sinomontanum* var. *angustius*，此变种自武功山向东分布，到达庐山和安徽黄山，向西南分布到湖南衡山、雪峰山和广西全州。在武功山近顶海拔 1 000 米山坡上采到毛茛科的绣球藤 *Clematis montana*，此种自我国西南部山地向西分布到喜马拉雅西部克什米尔一带，向东一直分布到台湾，结合单叶铁线莲 *Clematis henryi* 的分布情况，自云南北部、四川向东分布到台湾，可以看到过去地质时期在我国植物区系中，存在一条由西南部到台湾的植物区系迁徙路线。

1980 年 8 月，王文采（中）在庐山留影

这次在武功山考察，如同在广西龙州大青山首次看到热带雨林植被一样，我第一次看到我国亚热带中山地带的以樟科、壳斗科植物为优势种的常绿阔叶林，眼界大开。后来，在 1980 年 8 月，我参加中科院工会组织的庐山休养团，游览了庐山。我在 1986 年离休后，于 1987 年在安徽中医学院王德群先生协助下，游览了黄山。在 1989 年秋，应张若慧先生邀请，前往浙江林学院访问。在访问期间，得刘洪谔、丁陈森两先生的协助，我游览了天目山。到过这三山，我了解到江西及华东植物区系与日本植物区系有密切亲缘关系。

# 一赴云南

1955 年，中苏云南联合考察团成立，两国科学院的动植物研究人员合作考察云南的生物区系。这年 3 至 9 月，中科院在中关村举办俄语翻译班，因为我在 1952 年 12 月曾到北大参加俄文突击学习班，又在 1953 年 1 月在科学院西区主持植物所、昆虫室的俄文突击学习，因此所领导派我，另外还有生态室的陈灵芝参加这个翻译班，又因此，所领导派我和陈灵芝参加 1956 年的中苏云南考察工作。

## 中苏云南综合考察计划

中国科学院与苏联科学院组织云南综合考察，是在上年中苏合作云南紫胶调查工作的基础上的扩大。全队中方业务人员共 88 人，18 人往景东，其余则在南部工作；苏方共有 11 人，3 人在景东，余者在南部。除业务人员之外，尚有翻译、保卫、行政事务、医务、司机、炊事、采标本挖土坑伐木等人约 60 人，均在南部工作，仅小轿车便派定 3 辆，以供苏联专家交通之用。中方参加的知名科学家还有：云南大学的曲仲湘，南京大学的任美锷，中科院动物所郑作新，中科院昆明植物所蔡希陶、冯国楣等。考察任务：一是在景东继续研究有关紫胶生产的科学问题；一是在云南南部调查该区的自然环境条件，如地貌、土壤、植被，以及生物资源。

（《云南南部地区综合考察简要计划》，植物所档案）

我和陈灵芝在 1956 年 5 月到了昆明。联合考察团中方团长是动物所昆虫专家刘崇乐先生，苏方团长也是一位昆虫专家，吴征镒先生是副团长。参加植物区系的队员由昆明植物所和云南大学生物系的一些植物专家组成，苏方是柯马洛夫植物所三位专家费德洛夫、林契夫斯基、基尔皮茨尼柯夫和一位年轻的昆虫专家组成。调查区域选择云南东南部屏边大围山一带。我和昆明所李延辉先生先到屏边东邻的马关县采集，那里山谷中的热带雨林极为茂密，其林层结构和植物种类，都比 1953 年在广西大青山看见的丰富复杂。低山山坡上散生的高大的董棕 *Caryota urens*，形成了一种独特景观。在雨林中，多数高大乔木都是光滑、浅绿色的树干，枝下高度很大，很难攀援。向上望去，不要说花、果，就是叶子的形状也不容易看清楚。看到这么丰富的植物区系，我真的成了刘姥姥进入大观园，绝大多数树种以及灌木、草本都不认识。在马关工作六七天后，我和李延辉来到大围山。考察团在近中山的坡上修建了不少茅草房，才能容纳下数十名考察等人员。我和李延辉带了林场的五六位小青年到了近山顶的一片小林中搭起帐篷，在附近林中采集。一天，几位苏联专家也来到这个小营地，林契夫斯基先生从营地向外望去，看到那一片望不到边的密密山地常绿阔叶林时，不禁连声赞叹道：“真是一片林海啊！”接着一天夜间大雨倾盆，帐篷已被摧毁，在第二天早上我们只好返回大本营。之后听云南大学胡嘉琪说，昨夜雨实在太大了，她的鞋都给雨水冲走了。在这种情况下，吴先生只好作出撤退的决定。在全队下山途中，经过来时走过的一段两三百米的山谷，只见那山谷原来茂密的森林已全部被冲到山谷中，多数下卧的树干杂乱地覆盖了整个山谷，看到这样的景象，对那暴雨的巨大威力，感到一种未曾有过的恐惧。考察团从大围山转到金平县的老山，以后到了河口，即乘车返回昆明，我在 7 月初返回北京。

在那年秋、冬季，经过对这次考察采集的标本进行鉴定，发现了两个属，四数木科四数木属 *Tetrameles* 和隐翼科隐翼属 *Crypteronia* 在中国的新分布，以及木兰科长蕊木兰属 *Alcimandra*，大风子科马蛋果属 *Gynocardia*，茜草科多尾草属 *Polyura* 等 20 属在中国的新分布。另外，还发现不少新种，如番荔枝科的细柄密榴木 *Miliusa tenuistipitata*，光果银钩花 *Mitrephora leiocarpa*，樟科大果楠 *Phoebe macrocarpa*，毛叶新木姜 *Neolitsea velutina*，肉

豆蔻科滇南风吹楠 *Horsfieldia tetratepala*，毛茛科五裂黄连 *Coptis quinquesecta*，龙脑香科多毛坡垒 *Hopea mollissima* 等种。根据这批鉴定的标本，吴征镒先生和我合作在 1957 年发表了《云南热带亚热带地区植物区系的初步报告》一文，在文中，吴先生对云南热带植物区系作了深入的分析，提出了一些新论点。

## 二赴云南

1958 年"大跃进"运动兴起，那年，中科院与商业部合作开展全国野生经济植物普查，植物方面由植物所主持，商业部方面由土产废品局主持。8 月中旬，植物所派我、陈介、武素功三人参加云南的普查。我们到了昆明所后，由昆明所组织，在 9 月初向全省派出 5 个小分队，即李锡文队到云南东北部，黄蜀琼队到云南中部，武素功队到云南中南部新平一带，陈介队到云南西部保山一带，我则到云南西北部，行前已是昆明所所长的吴征镒先生作了云南植物区系分区的报告。本来领导想派我到西双版纳，为了找橡胶植物，我专门研究了云南夹竹桃科和萝藦科植物标本，并写出了云南二科的分属、分种检索表，由昆明所油印了百余份。我们云南西北队的队员除我之外，有昆明所植物化学室的卢人道、马宜中，云南师范大学生物系的吴老师和徐珞珊老师，云南商业厅的两位干部。由司机刘师傅开了一辆解放牌大卡车，离开昆明第一站是丽江，住在玉龙雪山的雪松村。上世纪初英国采集家 G. Forrest、美国采集家 J. F. Rock 以及 40 年代秦仁昌先生都在这里居住、采集过。从丽江，我们到了中甸，但因为治安不好，我们又折回到维西工作几天，转而到鹤庆，在松桂镇住下，向东到金沙江边较炎热地区，向西爬上了马耳山，在近山顶丛林边，采到该山特有种毛茛科马耳山乌头 Aconitum delavayi。这是一种低矮直立草本植物，叶掌状全裂，全裂片细裂，顶生花序有少数花，上萼片呈高盔状。在马耳山还有另一特有种，匙苞乌头 Aconitum spathulatum，但我们未采到。由鹤庆我们到了剑川的罗平山，这里森林多被破坏，收获不大。以后转到洱源，这时得到昆明植物所通知，让我转赴西双版纳景洪。在这段工作中，我主要采集芳香、纤维、鞣料等可能有经济价值的植物，每天回到住地，卢人道等同志用所带来的一些仪器进行简单的试验。在采集方面我做的工作不多，只能有选择地采，但还是有新的发现。在丽江石鼓到维西间，在巨甸一山谷杂木林下发现了一个毛茛科银莲花属比较原始的种，糙叶银莲花 Anemone scabriuscula。

那年 11 月，苏联柯马洛夫植物所所长巴拉诺夫教授和塔赫他间、拉夫连科两教授来华，吴所长陪他们到西双版纳访问。我从洱源到景洪，随他们到大勐笼生态定位站，考察了热带雨林。那时，生态室赵世祥同志负责该站的研究工作，不幸在 1959 年夏因遇洪水而牺牲。参观贵宾一行从大勐笼东行到了小勐仑，此时，昆明植物所蔡希陶先生已选定在这里的葫芦岛作为热带植物园的园址，在罗索江边搭起了茅草房，招来数十名工人，开始了建园的工作。从景洪到勐仑的公路是在热带雨林中修建，罗索江边和葫芦岛上均是茂密高大的暗绿色热带林，要清理葫芦岛，建设成植物园，须花大力气砍去岛上的植被，很费人工。

苏联专家一行离开西双版纳后，我留下来参加中科院云南分院组织的一个综合考察，有地理、土壤、林业方面的人员。队领导派两位青年工人帮我压制标本。我们从景洪向西到了勐海、勐连，在勐连石灰岩山上，我看见剑叶龙血树 Dracaena cochinchinensis，由此又返回向东到了勐仑和勐腊。1995 年我重访西双版纳热带植物园时，陶国达先生和我在植物园以西的翠屏峰发现荨麻科新种勐仑楼梯草 *Elatostema menglunense*。但是，1958 年在勐仑采集中，未发现此种植物。不过，那时我在勐仑一带山谷中发现每一山谷溪边都有由一种赤车属植物或一种楼梯草属植物为优势种，构成草本植物纯群落，如滇南赤车 *Pellionia paucidentata*，多序楼梯草 *Elatostema macintyrei*。

在勐腊的工作中，我不幸染上恶性疟疾，连续高烧，只好返回昆明，住进昆华医院。到 12 月，病势越发严重，多日高烧不退，吃药不见效，四肢无血色。在这危急时刻，昆明植物所武素功等 4 名青年同志为我输血 1 600 毫升后，体温才逐渐降下来，也就把我从死亡的边上拉了回来。1959 年 2 月出院，但是双腿走路还是困难，在昆明所休养了一个多月，于 3 月下旬返回北京。

1959 年全国野生植物普查结束后，1960 年有关人员近百人携带有关资料在北京集中，商业部组织有纺织、食品等方面的专家，在植物方面也邀请一些专家，由植物所王宗训、朱太平两先生主持，费时一个月，完成了《中国经济植物志》全稿，并在 1961 年交由科学出版社出版。但根据商业部的意见，决定此书内部发行，因此，此书在书店里买不到，未能被各方面充分利用，是一大缺憾。在此书开始编辑时，植物所领导让我负责书中的植物分类部分的编写工作。

## 《中国经济植物志》编写经过

1959 年 2 月 7 日，国务院批准中科院与商业部合作开展野生植物资源普查及编写经济植物志的报告。是年 2 月至 10 月植物所抽调 100 余人组成 7 个普查队，完成在河南、河北、山西、贵州、云南、甘肃、青海和新疆的重点普查，采集植物标本约 6.8 万号。1960 年 2 月，植物所与商业部土产废品局成立"中国经济植物志编写联合办公室"，由姜纪五（植物所副所长）、林镕（植物所副所长）、秦仁昌（植物所植物分类室主任）、史立德（土产废品局局长）、吴建华（土产废品局副局长）等五人组成，领导编志工作。办公室下设秘书、编辑、审查三个小组。邀请各省商业厅、科学院直属植物研究所及轻工业研究院、纺织研究院、林业科学院、医学科学院等单位 70 余人在北京集中编写，至 4 月底编写完成，全志 200 余万字，收录植物 2 395 种，插图一千数百幅，由科学出版社出版。在发行时，由于"很多种植物的化验数据，使用情况，加工方法等，反映我国广大人民公社及该类工业的技术水平，经中国科学院植物研究所与商业部土产废品局负责同志商讨，拟将该志作为内部发行，以免为资本主义国家得去，泄露机密"。（植物所致科学出版社函，1960 年 9 月 8 日）因而该书发行不广，未能取得应有效用。

# 三赴云南

1962 年，昆明所吴征镒先生与云南大学生物系朱彦承先生决定在那年秋季联合组队，到云南西北的中甸县哈巴雪山考察植物区系和植被。我和陈艺林、王蜀秀和古植物室的陶君容在得到吴所长的同意后，也参加这次考察。8 月中旬，多数考察队员乘车离开昆明，直接赴哈巴山。我、陈、王三人和昆明所标本馆的陶德定随同吴、朱乘一辆小面包车，从昆明先到中甸城，然后东南行经北地到达哈巴山。这一带云杉林密茂，植物种类非常丰富，工作了一个多月，采了不少标本。那时我担任了《中国植物志》毛茛科不少属的编写任务，所以注意毛茛科植物的采集。在这些植物中，乌头属植物引起了我的注意：在哈巴山海拔 3 600 米一垂直坡稍阴湿处，有一丛草质藤本的哈巴乌头 *Aconitum habaense*，此种植物的茎高约 2 米，上部缠绕，叶掌状全裂，花的上萼片蓝紫色，斜盔状，上部宽，下部狭，下缘斜上展。在 3 800 米草坡上分布有拟哈巴乌头 *Aconitum chuianum*，有七八株丛生，茎高约 1.4 米，下部直立，顶部向外弧状弯曲，叶掌状全裂，花上萼片紫色，圆盔状，下缘水平。在 4 000 米灌丛草地的杜鹃花灌丛中，分布有拟康定乌头 *Aconitum rockii*，为直立草本，十几株丛生，茎高约 1.5 米，叶掌状深裂，花的上萼片紫色，圆盔状，下缘近水平展。在哈巴山一个多月的考察中，只看见这 3 个哈巴山特有种的各 1 个居群。

哈巴山南面相对的是丽江县玉龙雪山，两山之间是金沙江经此的狭窄的虎跳峡，相距很近。但在玉龙山上分布的却是另几种乌头属植物：丽江乌头 *A. forrestii*，直缘乌头 *A. transectum* 和玉龙乌头 *A. stapfianum*。这些种类在对面哈巴山完全没有分布。这种山头种狭域分布的现象，可能是巨大山体间的隔离引起的，这些种的分化可能是较近时间发生的。

根据马耳山、玉龙山、哈巴山南北相邻三山各拥有乌头属不同特有种的现象，我形成了横断山乌头属多为狭域分布山头种的错误看法。持此看法，以后根据一些变异的形态特征，描述了多数错误的"新种"，造成混乱，幸好同事杨亲二先生经过深入研究，加以澄清，对此，我深为感谢。

全队工作结束，返回时经哈巴山东南坡到达虎跳涧，在这里灌丛中看到正在开花的我国特有植物罂粟莲花 *Anemoclema glaucifolium* 和金沙翠雀花 *Delphinium majus*，还在虎跳涧发现了新种，粘唐松草 *Thalictrum viscosum*。

## 四川考察

1963 年 8 月，植物所分类室派队到四川西部考察，队员有关克俭、我、梁松筠、石铸、陈家瑞、李朝銮，还有植物园的刘金鉴、田景全两同志参加。我们到成都后，拜访了四川大学方文培教授。他托关先生带他的研究生潘泽慧也参加考察。我们由成都西行经雅安到了康定，在这里分成两队。由我、石、陈、刘四人到康定之西的折多山及新都桥一带工作，

考察队在四川大学拜访方文培教授合影。前排左起王文采、方文培、关克俭；后排左起梁松筠、石铸、田景全、李朝銮、陈家瑞

关、梁、李、田、潘五人则向北到大炮山一带工作。两分队工作结束后又返回康定。以后，关克俭那一队又向东到二郎山工作；我们这队向东北到宝兴碛碛一带工作。10月初结束，返回北京。

在折多山一带，我看到了当地的毛茛科特有种螺瓣乌头 *Aconitum spiripetalum*，多花乌头 *Aconitum polyanthum*，粗距翠雀花 *Delphinium pachycentrum* 和漏斗菜属的原始种无距漏斗菜 *Aquilegia ecalcarata*。在宝兴，由于工作时间少，到的地点少，收获不大。如法国学者 A. Franchet 根据 A. David 在宝兴采的标本描述的西南银莲花 *Anemone davidii*，偏翅唐松草 *Thalictrum tibeticum* 和宝兴侧金盏花 *Adonis davidii*，这三种均未找到。

1963 年 8 月，王文采在四川康定新都桥高山草甸上采集植物标本

# 重赴广西

1968 年，进入"文革"第三年，解放军一个军马草研究机构与我们所和广西植物所联系编写一本热带军马草图谱，当时的分类室领导派我和绘图室冯晋庸先生参加此项工作。我和冯先生于 5 月离京，到广西桂林雁山广西植物所稍事停留，再与该所的韦发南、覃灏富两先生及解放军同志离桂林南下，到了宁明县那楠十万大山山区，工作了 10 天。这是第二次到广西，又进入热带森林，同时见到老朋友，认识了新朋友，是我没有想到的一次好机遇，感到很高兴。

我们由那楠到龙州，这里是旧地重游，不过这次离龙州城未到大青山，而是向西南到了位于国境边界的水口镇。在这里见到一个石灰岩山，植被极为密茂，种类丰富。在一片土山的森林中看到了野生的龙眼 *Dimocarpus longan*，榕树 *Ficus microcarpa* 和构树 *Broussonetia papyrifera*。此外还看到了此地的特有种长柄藤榕 *Ficus lungchowensis*。在这里我们工作到 6 月下旬，便返回北京了。

在这次调查中，曾遇到一个惊险情况。一天，我们来到宁明县南部的边防站住下。第二天早上进入山区，那天整个山区被大雾笼罩，我们在狭窄的山路上行进。解放军一位班长和两位士兵走在前面，其后是冯、覃两位先生，我和韦先生走在后面，边采植物边观察。在遇到一株紫金牛科的灌木，采了花在细看时，听到前面有说话的声音，接着两个大汉迎面走来，我们互相望望，他们从我们身边走过。这时，那位班长感到情况不对，和两位战士追过来，高喊"站住"。这两位大汉一听急忙向山坡下跑去，霎时间就消失在浓雾中。战士连开两枪之后，在大雾中的山谷，看不到任何东西，也听不到任何声音，这为他们逃逸提供了条件。其实，也不知道这两个人是干什么的，当时阶级斗争最为激烈，我们以为他们是特务分子，所以感到特别惊险。

## 再赴四川

1976 年春，同事傅立国、邢公侠两先生和绘图室的吴彰桦、张泰利两先生要到四川峨眉山考察和绘图。此前一年，我在标本馆为标本消毒时，从梯子上摔下，伤了左脚，在家休息近半年才能走路，1976 年已可以行走自如。为了看看这座名山，我积极报名参加这次考察。

峨眉山在成都平原西缘，山体突然拔起 3 000 多米，山中植被密茂，风景优美，多庙宇，是佛教圣地之一。其植物区系极为丰富，在这座山上，竟拥有种子植物近 3 000 种之多，而河北省一个省的种子植物才大约有 2 730 种。在山中看见了我在标本馆中熟悉的毛茛科植物：鸡爪草 *Calathodes oxycarpa*，铁破锣 *Beesia calthifolia*，弯柱唐松草 *Thalictrum uncinulatun*，星果草 *Asteropyrum peltatum*，但是没有看到峨眉山的特有种峨眉唐松草 *Thalictrum omeiense*。在近山顶海拔约 2 800 米的冷杉林下，我找到毛茛科低矮草本植物独叶草 *Kingdonia uniflora*，其伴生植物有星果草、荨麻科的钝叶楼梯草 *Elatostema obtusum* 等植物。独叶草是英国爱丁堡植物园学者 I. B. Balfour 和 W. W. Smith 于 1914 年根据 F. Kingdom Ward 采自云南德钦的 734 号标本描述的，并根据此种建立单种属 *Kingdonia*，其独有的特征是掌状分裂的单叶，有与裸子植物银杏 *Ginkgo biloba* 叶相似的二叉状分枝叶

1985 年 9 月，日本毛茛科专家田村道夫教授
第一次访问中科院植物所，在标本馆前留影。
左起：李良千、王文采、田村道夫、陈心启

脉，其花具一轮花被，十数枚退化雄蕊，约 8 枚能育雄蕊，单雄蕊（心皮）数枚，子房有 1 枚胚珠。我在 1957 年发表的《中国毛茛科植物小志》一文中，根据刘继孟、钟补求两先生在 1937 年采集的一号标本，报道了此种植物在陕西太白山的分布。我们这次在峨眉山的三天考察结束后，我来到四川大学植物标本馆做短期工作，查阅了毛茛科植物标本，发现杨光辉先生 1958 年已在峨眉山冷杉林下采到独叶草标本，但是此标本被误定为西南银莲花 Anemone davidii 而放在银莲花属的标本中。上世纪七八十年代，在四川贡嘎山、红原等地也先后发现有独叶草的分布。独叶草在分类系统中的位置颇有争议，有的学者将其放在也具二叉分枝脉星叶草科 Circaeasteraceae 之中，有的学者根据此种成立一个单种科 Kingdoniaceae。日本毛茛科专家田村道夫仍将其放在毛茛科中，根据其花的构造与毛茛科的花构造相似，我赞同田村道夫的分类学处理。

## 湖南考察

1987 年，中国科学院成立植物资源调查课题，植物所担任湖南武陵山区的调查任务。该课题的主持人是路安民先生，植物所科研处高岚先生和我也参加。同时，调查队成员有植物所新一代人员李振宇、傅德志、李良千、覃海宁等同志，他们于 1988 年 8 月赴湖南桑植县天平山工作。天平山位于具有复杂植物区系的云贵高原的东缘，低山地区植被早已严重破坏，中山以上的森林还保护较好，区系复杂，种类繁多。在这些方面胜于东面不远的前面已介绍过的江西西部的武功山。在茂密的常绿、落叶混交林中，我看到原始的水青树 Tetracentron sinense 并不仅仅分布于江西，我还看到了领春木 Euptelea pleiospermum，毛叶连香树 Cercidiphyllum japonicum var. sinense，以及樟科的檫木 Sassafras tsumu，楠木 Phoebe zhennana 等。在中山灌丛边，我第一次看到蔷薇科棣棠 Kerria japonica 野生居群。有趣的是，已知特产河北西南部的虎耳草科无毛独根菜 Oresitrophe rupifraga var. glabrescens 竟间断地出现在桑植县海拔 1 100 米的山区。

在山中工作时，我提出一个建议：在野外工作结束后，编写一部武陵山区的植物检索表，这个建议当即得到赞同，后来由数个研究所合作编著的《武陵山地区维管植物检索表》一书于 1995 年由科学出版社出版。

天平山野外工作结束后，我来到长沙市湖南师范大学植物标本馆查阅毛茛科植物标本，发现一种采自湖南华容的标本乃是湖州铁线莲 *Clematis huchouensis*，此种过去知道分布于华东和江西鄱阳湖边，在湖南还是首次发现。但是，我在1999年到英国邱园标本馆，看到 H. B. Morse 于20世纪初，在湖南岳阳采的第30号标本，即是湖州铁线莲，但此号标本在30年代被奥地利学者 H. Handel-Mazzetti 误定为短柱铁线莲 *Clematis cadmia*，因此，这个新种被他错过，一直到1968年，由日本学者田村道夫根据一份由浙江湖州采的标本加以描述发表。在观察上述华容标本时，我首次注意到湖州铁线莲花的4枚萼片不是水平开展，而是向斜上方开展，使整个花萼呈宽钟状，并认识到此情况是进化的特征。

## 三到广西

1989年5月，李振宇、傅德志又承担了广西红水河流域植物资源考察工作，又邀请我参加。我们先到了柳州，看到黑龙潭公园石灰山有茂密的植被。2006年广西所韦毅刚先生在此发现了毛茛科新种柳州铁线莲 *Clematis liuzhouensis*，此种与云南南部的细木通 *Clematis subumbellata* 亲缘关系相近。到了九万山后，我只在低山跑了几个山谷，植被保存尚好，种类丰富。上世纪50年代华南所著名采集家陈少卿先生在此山进行深入采集，我曾根据他采的标本描述了苦苣苔科的复叶唇柱苣苔 *Chirita pinnata*，稀裂圆唇苣苔 *Gyrocheilos retrotrichum* var. oligolobum，这次我在九万山又发现苦苣苔科另一新种，九万山唇柱苣苔 *Chirita jiuwanshanica*。

从1950年春我开始野外调查，到1989年夏，多次到达我国热带、亚热带和温带地区，考察植物区系，尤其在西南山区看到不少能挺过冰期子遗下来的种类，感到很高兴。遗憾的是，我没有到三北山区和青藏高原，不了解那里的寒温带植物区系，所幸在 1991 年有机会到过瑞典中部，看到那里的寒温带植物区系，弥补了一些缺憾。在国内考察中，我看到各地森林砍伐严重，这对我国生态环境造成严重损害，对人民生活，对国家经济建设极为不利。1998 年，当时的国务院总理朱镕基在四川西部了解森林砍伐的情况，认为原始森林再也不能砍伐了，那年夏季，国务院发布了禁止砍伐森林的决定，我认为是非常正确的决定。

我在 2004 年因双脚先后患过痛风，一年后痊愈，虽然可以走路，但脚的肌肉变薄了，走路不能过多，更不能爬山了。那年秋天，李振宇同志想邀我一起到三峡植物园参加一个学术会议，我没有去过鄂西一带，很想去看看那里的植物区系，但那时双脚恢复尚差，不能参加，实在遗憾。

　　有了分类学知识，可以起到举一反三的作用。某一种植物有药用价值，其相同的类群中也可能有药用价值，这样就容易找到好药。中草药得到重视，相应分类学也得到重视。后来有人说，是中草药救了植物分类学。

　　我们的志书应向欧洲高水平的志书学习，也要不断进行修订。

# 第4章

# 分类学研究

## 50 年代的研究

1950 年 3 月我从北京师大调到植物所后，开始时还是搞胡老交给的图鉴工作，描述了一些裸子植物科、属代表种类；同时，参考胡老编写的《种子植物分类学讲义》，看一些我不熟悉的科、属标本，并尽量解剖它们的花。因为在 1947—1948 年大三学习植物分类学期间，由于学生运动不断，时常罢课，学习受到影响，有好多科林镕先生没有来得及讲，这时我想弥补一下。这个工作一直在时断时续中进行，到 1952 年才停止。我解剖了不少科、属植物的花，画了不少的图。

我来所不久，所领导决定编写《河北植物志》，胡老一次找我说，在我国还没有人进行紫草科的研究，建议我承担河北志此科的编写任务，并将美国紫草科专家 I. M. Johnston 送给他的此科论文集交给我学习。此时，我又承担了钱崇澍、傅书遐两先生编的《中国植物科属检索表》的紫草科分属检索表的任务，该检索表刊载于 1954 年出版的《植物分类学报》第 2 卷上。按照 Johnston 的著作，我大致研究了植物所标本馆的紫草科标本，了解到此科的主要亚科紫草亚科的演化趋势：花的雌蕊有 2 枚柱头，瘦果平滑，无突起的附属物是原始特征；雌蕊基隆起，呈圆锥状或钻状，雌蕊 2 柱头合生形成一个柱头，瘦果有钩状刺或各种各样的附属物为进化特征。我完成了河北志的紫草科稿后，又搞起了河北的茜草科，至于是什么缘由，我现在已记不清了。茜草科是热带、亚热带的大科，在我国有 75 属，近 500 种，而在河北只有 3 属，10 余种，但其中的猪殃殃属 Galium 是此科中最难搞的属，我查了不少文献，在标本馆中看了不少标本，但有些太行山的标本未能作出鉴定。就这样，虽然种数不多，却拖了很长时间，得不到解决。到了 1952 年，《河北植物志》的编著工作流产了，我这个茜草科的编写也就不了了之。

　　1952 年年底，分类室领导决定编写《中国主要植物图说》，以解决全国各方面鉴定植物的迫切需要。分配给我的是豆科藤槐属 Bowringia、马鞍树属 Maackia、香槐属 Cladrastis、黄华属 Thermopsis 和黄花木属 Piptanthus 等 5 个小属。我在 1953 年结束广西考察返回北京后，即投入这 5 个属的编写，1954 年完稿，发现了华山马鞍树 Maackia hwashanensis 一新种。此后，唐进先生又将原由张肇骞先生承担的山蚂蟥属 Desmodium 任务交给我，因张先生行政工作繁忙。此属比较大，在我国亚热带地区有相当多的种，我在当年便完成。之后，汪发缵先生又交给我该书山龙眼科 Proteaceae 和毛茛科 Ranunculaceae 的编写任务。在 1955 年完成山龙眼科稿，并写出我国此科山龙眼属和假山龙眼属二属的修订一文，投《植物分类学报》发表。这时，同一办公室的刘瑛先生承担的桑科的编写任务，不知何故，他将此科的大属榕属 Ficus 的编写工作转给我。我根据英国榕属专家 G. King 1887 年出版的该属专著，整理了植物所标本馆所藏我国该属标本，写出了该属稿子。

在 1955 年，我还鉴定了 1954 年江西考察队所采集的樟科标本，并整理了标本馆中此科山胡椒属 *Lindera*、木姜子属 *Lisea*、新木姜子 *Neolitsea* 等属的标本。1955 年 9 月，我参加俄语翻译班之后，领导决定让我参加 1956 年中苏云南考察团的野外考察工作。在赴云南之前，我编写了《云南热带种子植物名录》。在云南马边、屏边等地考察结束后，采到的大量标本随即运回北京，我鉴定了其中的木兰科、番荔枝科、肉豆蔻科、樟科、毛茛科、桑科、荨麻科等科标本，发现了木兰科长蕊木兰属 *Alcimandra* 在中国的分布，以及新种五裂黄连 *Coptis quinquesecta* 等。

1955—1956 年，我在编写《中国主要植物图说》毛茛科时，把标本馆此科的全部标本进行了鉴定。根据秦仁昌先生采集的标本，描述了新种两广铁线莲 *Clematis chingii*，根据蔡希陶先生采集的标本，描述了另一新种福贡铁线莲 *Clematis tsaii*，此外还发现翠雀属 *Delphinium* 的一些新种，以及特产我国的独叶草 *Kingdonia uniflora*，该种有二叉状分枝叶脉的独特形态特征等。据此写出我研究毛茛科的第一篇论文《中国毛茛科植物小志》。

1958 年夏，在"大跃进"运动的高潮中，中国植物学会在北京召开扩大理事会，决定与商业部合作在全国进行野生经济植物普查。植物所领导派我和陈介、武素功两先生参加云南的普查，我们三人在当年 8 月中旬到达昆明植物所。吴征镒所长先派我到西双版纳，我考虑滇南夹竹桃科、萝藦科有含橡胶和治高血压的植物，比较重要，为此，我回昆明后，研究了昆明所标本馆中这两科的标本，编写出云南这两科植物的分属检索表及各属的分种检索表，并油印若干份，发给大家。

在1958年"大跃进"运动中，我的母校北京师大决定编写《北京植物志》，后来这项工作由乔曾鉴先生主持。大概在1959年底，他来植物所邀我承担该志伞形科，我答应承担，并邀郑斯绪、王蜀秀两先生合作。郑承担了柴胡属，其他属由我和王蜀秀承担。伞形科是个比较难搞的科，果实构造是分类的主要依据，我对此科过去未研究过，毫无经验，因此，写出的稿子有不少错误。

## 《中国高等植物图鉴》

在60年代初期，我主要承担《中国植物志》毛茛科的编写，完成了初稿，但当时整书进展都很缓慢。1965年初，中科院党委召开扩大会议，要求各研究所的研究工作应努力配合国家经济建设的需要做出成果。植物所姜纪五书记参加院党委扩大会议，回来传达会议精神后，各个研究室都展开讨论。分类室在讨论中，大家认为，当时的《中国植物志》刚出版了3卷，各省、区植物志也很少，缺乏鉴定工具书，各方面鉴定植物种类都很困难，只好把标本寄到植物所要求帮助鉴定。所以《中国主要植物图说》这样的工具书是当前最需要的，应编写这样的著作。这个意见得到室、所的同意。就在那年4月，由领导指定关克俭、王文采、崔鸿宾、陈心启、黎兴江、傅立国、邢公侠、石铸、李沛琼、许介眉等10人投入此项工作。并成立了领导小组，成员有崔鸿宾、陈心启和我，并由我负责。

关于这部著作的规格，我想仍采取此前《中国主要植物图说》的规格，有分种检索表。但崔、陈、邢等同志主张采取一图一说的规格，看图识字，以便于查找使用，我妥协让步了，接受了他们的意见。这部著作名称确定为《中国高等植物图鉴》①，并确定选择种类的原则是：分布较广，有经济价值，有学术意义的种类。初步拟出一个 5 000 种的名录，决定全书分 4 册，争取尽快出版。于是，那年 4 月下旬左右，编写工作即紧张展开，进行顺利。到 1966 年 5 月，在一年多一点的时间里，已完成一册半的稿子。科学出版社了解到编著此书后，积极支持，在 1966 年 1 月派出了编辑曾建飞先生到分类室来进行编辑工作。不幸的是 1966 年 6 月"文革"开始，此书编写工作中止。

到了 1969 年，中苏关系紧张，在中苏边境有"珍宝岛事件"发生。毛泽东主席发出"深挖洞，广积粮，要准备打仗"的指示，气氛紧张。林彪的"一号令"也是那个时候发出。有战争就会有伤亡，就需要药品来医治。从植物中发掘药用价值，便是一项新的任务。如何发现新药，若不懂植物分类学，把每一种植物都拿去化验分析，费时费力，而且工效不高。有了分类学知识，可以起到举一反三的作用。某一种植物有药用价值，其相同的类群中也可能有药用价值，这样就容易找到好药。中草药得到重视，相应分类学也得到重视。后来有人说，是中草药救了植物分类学。

这时，在全国掀起一场中草药运动，不少省、区开展药源的调查。在这一年的国庆节前后，北京一家制药厂与植物所分类室合作，在北京一带及山西北部山区调查药用植物资源。分类室的崔鸿宾、傅立国、谷粹芝、靳淑英、我和药厂几位师傅先到北京北部的昌平、延庆两县调查，以后又到山西北部。我、靳淑英和一位师傅到了山西西北部广灵县太白山。那时山坡上多数植物已落叶或枯死，收获不多。同年 11 月，分类室戴伦凯、

---

① 该书是一部以图为主，配有简要文字说明的工具书，为具有中等文化程度以上的农、林、牧、副、医药等部门的人员及植物学教员，在生产实际和教学中鉴定植物种类之用，借此还可大致了解该种植物的经济用途或药用价值等。

路安民两先生从江西返京，与江西药检所联系到《江西中草药》的编写工作。分类室领导派匡可任、张永田、林泉、我和绘图室的冯晋庸先生到南昌江西药检所工作。那时医科院药物所的陈毓亨和陈鹭声两先生，以及江西婺源县林业局的郑盘基已在那里进行工作。郑先生已编出婺源的中草药，这部稿子就成了《江西中草药》的基础。在编写过程中，药检所的楼药师拿了一些被密毛的叶子，说这种叶子磨碎，涂在伤口上，有止血作用，但不知学名是什么。张永田肯定是苦苣苔科植物，这引起了我的兴趣。以后到 1972 年开始编写《中国高等植物图鉴》第四册时，我承担了苦苣苔科的编写任务，鉴定了植物所标本馆的这科标本，写出此科的稿子，也了解到上述可止血的植物可能是苦苣苔科的大叶石上莲 *Oreocharis benthamii* 和浙皖粗筒苣苔 *Briggsia chienii*。还是在 1969 年的冬天，植物所分类室与西苑中医院几位大夫合作编写出版了《北京中草药》小册子。此后，不少省份区也相继出版了类似的著作。

在这段时间，分类室收到不少各地寄来的草药标本，要求协助鉴定学名。在这种情况下，分类室的同志再次提出《中国高等植物图鉴》编写工作的重要性，当时的领导和全体同志一致决定，分类室研究人员全部投入此书的编写。这样，对已编写的稿子进行审改，对第二册未写的科，指定人员进行编写。到了 1971 年初，第一、二册稿子完成，这时科学出版社大部分人员已下放到湖南"五七干校"去了，只有几个人留守，我们只好自己联系印刷厂。从那年春季到国庆节，我来到通县科学院印刷厂，在工厂里担任校对工作，到年底排好版。这两册在 1972 年顺利出版发行，受到各方面的欢迎。华南农业大学蒋英教授来信，对第一册的出版给予了高度赞扬。

分类室领导在两册《中国高等植物图鉴》出版后，适时向全国各方面

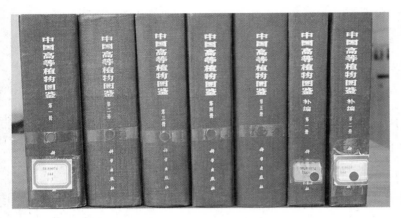

《中国高等植物图鉴》书影

发函，征求意见①。我们收到了不少的反馈意见，主要有两条：一是不少大属选择的种类数目少。在两册中的多数大属，当初编的时候，我和崔鸿宾讨论，像经济价值大，如樟科、壳斗科，药用植物如唇形科、伞形科等，有意识多收一点，但还是有好多属被忽略了。比如柳属 *Salix* 有 200多种，这里只选了 20 种；还有小檗属 *Berberis* 有 200 多种，大概也只选了20 种。二是书中无分种检索表，尤其是鉴定含种类多的大属时，难以找到区别特征，使鉴定工作遇到困难。这两条意见很好，都被分类室接受。然后作出决定，从第三册起，凡大属都适当增加种数，再就是在本书中收入 10 种以上的属，都在附录中给出分种检索表。由于种数的增加，本书原定四册便增加到五册。同时，还决定在第五册出版后，再编写补编二册，以补充第一册和第二册中大属的种数。从第三册被子植物合瓣类起，

---

① 当时的科研工作的口号是：为无产阶级政治服务，为工农兵服务，与生产实际相结合。在强大的政治形势之下，莫不紧跟形势，为了了解《图鉴》的使用者——广大工农兵干部的要求，植物所分类室党支部向农、林、医等有关部门、部队、人民公社、学校、科研等 200 多家基层单位发函，并赠送《图鉴》第一、二册，征求意见。

一直到第五册的单子叶植物，以及两册补编，都邀请了全国的有关科、属专家参加编写，这样更可以保证编写质量。因此，《中国高等植物图鉴》的编写也就成了全国专家大协作的著作。《中国高等植物图鉴》前两册出版后，1974 年出版第三册，1975 年出版第四册，1976 年出版第五册，补编第一册于 1982 年出版，补编第二册于 1983 年出版。全书共邀请全国 130 位专家参加编写工作，收入我国高等植物约 15 000 种，其中 9 082 种配有墨线图，可以说是世界上最大的图鉴类著作。出版后被各方面广泛使用，至今已印刷了 7 次。该书于 1987 年荣获国家自然科学奖一等奖。

## 致广东植物所函

1977 年 4 月 1 日植物所业务处致函广东植物所（引者按：即华南植物所，今改名为中科院华南植物园），商讨编写"补编"事，该函系王文采起草，摘录于此：

在 1972 年《图鉴》第一、二册出版后，有关生产、科研等方面的读者们，不断向我们提出意见，主要的是，不少属选种较少，不能很好解决鉴定的问题；再就是没有分种检索表，对种类（尤其是近缘种）的区别，不易掌握。为了弥补这些缺点，满足读者的迫切需要，促使我们作出编写《图鉴补编》的决定。这个决定已经先后得到科学出版社以及广西植物所、中山大学生物系、云南植物所、林业土壤所、四川大学生物系等兄弟单位的赞同和支持。你们提出应集中力量编写《中国植物志》的意见，我们认为这是很重要的。但是，按照伟大领袖毛主席关于"统筹兼顾，适当安排"的教导，考虑到问题的轻重缓急等各方面，我们认为在目前情况下，花一定力量解决目前的迫切需要，也是必要的。所以，我们想和兄弟单位一起，努力把《图鉴补编》在大约三四年中很好地完成。你们的来信中说"如果认为补编工作有必要进行的话，我们愿意在你们提出的六个科中进行合作"，对你们的大力支持，我们谨表示感谢，并请你们告知完成日期。此外，1.《图鉴》中的堇菜属 Viola，是您所承担的，各方面读者很希望发表这属的检索表，这个要求，请考虑；2. 胡椒科（尤其是胡椒属）有不少经济植物，张肇骞先生过去对这科做了不少工作，他如编过检索表，希望拿出来，供生产、科研各方面利用。

（植物所档案）

## 《中国植物志》

2004 年，《中国植物志》①80 卷大功告成后，从《科学时报》等报纸的报道中，我才了解到胡先骕先生在上世纪 30 年代就提出编志的建议。我经历编志工作是自 1958 年开始。这一年 8 月，"大跃进"运动的高潮中，中国植物学会在北京开会，决定开展全国野生植物资源普查工作。与会期间，不少大学教授，听说其中有华东师范大学的郑勉教授和山西大学的张晓苔教授，来到植物所，在会议室座谈时，提出编写《中国植物志》的问题。后来简焯坡先生也提出此问题，不知如何一下子就提出"十年完

---

① 《中国植物志》是几代中国植物分类学家共同努力的结果，由于我国植物种类十分丰富，为了探明其种类，前后历时 60 多年，至上世纪 80 年代，该项目作为国家特别支持项目，动员了 60 多个单位，260 多位学者进行野外考察和研究，最终完成这项巨大工程。

成中国植物志"的口号，并在当时报纸上刊登了这一消息。记得有一天，陈介在陆谟克堂前打起鼓来，有人喊起上面的口号。陈介1953年和郑斯绪、戴伦凯一块分配到植物所，师从郝景盛先生。郝先生1955年左右过世后，他便跟随吴征镒先生。他是广东人，很活跃。

以后，不知植物所及中科院经过了怎样的讨论，在1959年初决定成立"中国植物志编纂委员会"，任命钱崇澍和陈焕镛两位先生为并列主编，排名钱老在陈老之前。成立大会在植物所召开，找戴伦凯和我去记录。我记得出席会议的编委有植物所的钱老、林老、秦老、汪发缵先生、钟补求先生，林科院的郑万钧先生，江苏所的裴鉴先生，武汉植物园的陈封怀先生等，而陈焕镛、吴征镒两先生未来京参加。在会上讨论了编写规格和编写计划等事宜。在讨论计划时，裴鉴先生找陈封怀先生和我，决定我们合作编写毛茛科志，裴老要担任铁线莲属和毛茛属，陈老要担任乌头属和翠雀属，我则担任唐松草属和银莲花属。

## 跃进声中召开《中国植物志》编辑委员会第一次会议

中国植物志编辑委员会第一次会议在1959年11月11日至14日在北京中科院植物所召开，出席会议的有编委19人，及从事植物分类人员40多人。会议通过《中国科学院中国植物志编辑委员会组织条例》、《中国植物志编审规程》、《中国植物志编写规格》及《中国植物志编辑规划及1960年至1962年编写计划》。会议结束后，该会将上列各项文件呈送中科院常务委员会审议，并致函云："会议参加者经过热烈讨论和辩论，大大鼓舞了干劲，加强了从1959年起在8~10年内完成全部80卷的中国植物志的信心，大家踊跃要求承担专长科、属的编写。""这样的速度在世界各国植物志的编写史上也是未见的。"

会后，植物所所长会议决定在即将到来的建国 10 周年之前，完成 10 卷，以向国庆献礼。秦仁昌先生非常努力，他后来跟我讲过，他那时候都是工作到夜里两三点钟。在 1959 年当年他完成并出版了《中国植物志》第二卷蕨类，也是《中国植物志》出版的第一册，其他人都没有完成。汪发缵、唐进两位先生也非常努力，直到 1961 年才出版第十一卷莎草科。这以后，到 1978 年的 17 年间只出版了蔷薇科、裸子植物、百合科和五加科等数卷，编写工作进展极为缓慢。

在 1962 年或者 1963 年的时候，我曾听郑斯绪讲，姜纪五书记有些着急，好几年没有植物志问世。我们分类室一个崔鸿宾，一个郑斯绪，他们都在所长助手的位置上。郑斯绪就想，能不能找一些小的，或中等的科，如鼠李科，请几位老先生先编写，希望在近期出一本。可是情况一直就是不妙。

实际上编写植物志，需要长期的积累，《中国植物志》每一科都很复杂，着急是没有用的。分类学有不好搞的地方：一是文献能否收全；二是标本能否收全。即使这些条件具备，不少分类群比较难搞，这些困难不是在短时间内可以解决的。像秦老能够写出第二卷，汪、唐写出第十一卷，那是多少年的积累。当时在标本资料方面，全国各省、区采集规模都不大，标本积累的量也不够充分，进行编写，自然会有不少困难。所以，不论是编写全国性的志书，还是研究全国植物区系，由于我国幅员辽阔，空白地区多，将来还是要重视采集工作，应把采集工作不断开展下去。

从 1959 年编委会成立到 1966 年"文革"开始，共在北京开过大约三次会，每次开会，植物所分类室研究人员大多都列席参加。在那些会上，不少老先生，如刘慎谔、裴鉴、钟补求、匡可任等先生对编写规格等有关问题，都认真研究和讨论，给我留下深刻印象。如关于每种植物的地理分布的省、区排列次序，规格中规定，"需要考虑地理连续性"。在 1980 年左右，对编写规格进行过修改，在此条内容中列出了我国各省、区名字的排列，按着这种次序有时就会出现不符合地理连续性的情况。此外，俞德浚先生好像在第二次编委会上发言，提出编志的几条原则，其中有：种类齐全，描述准确，分种检索表好用。这些要求都是进行专科、专属分类学修订必须做到的。但在我国标本采集工作还未达到完全彻底的情况下，要做到这几点，是很不容易的。

改革开放后，情况大为好转，一方面采集工作得到顺利开展，各标本馆的收藏量有所增加；另一方面，经济情况好转，经费逐渐增加，可以出国看模式标本或解决其他问题，这些都有利于志书的顺利编写，所以，80卷的大工程终于能在 2004 年完成。但是，应该看到这部 80 卷是《中国植物志》的第一版，由于研究的标本量不够充分，以及对模式标本的研究，文献收集，各种形态特征的观察，属、种等分类群概念和划分等方面可能会有各种问题，因此，还需要进一步的修订。在植物志的编写方面，在全世界欧洲走在最前面。欧洲各国的植物志编写工作已经持续了两三百年的历史，经过各国分类学家的多次修订，质量不断提高。像 G. Tutin 主编的 *Flora Europea*，是水平较高的著作，其第一卷出版于 1964 年，经过 30 年，在 1993 年，此书的第二版又问世了，内容又有改进。我们的志书应向欧洲高水平的志书学习，也要不断进行修订。

我参加《中国植物志》共 6 个科的编写工作：第一是与郑万钧先生合作编写的裸子植物的柏科，前已讲过。第二是在 1959 年，我与吴征镒先生合作写出了唇形科青兰属 *Dracocephalum* 的初稿。第三是毛茛科，这科分为两卷，第二十七卷于 1979 年出版，包括乌头属 *Aconitum*、翠雀属 *Delphinium*、唐松草属 *Thalictrum* 3 个大属和相关的小属；第二十八卷在 1980 年出版，我担任银莲花属 *Anemone* 和近缘的 6 个小属，江苏植物所张美珍

1961 年《中国植物志》编辑委员会第二次会议合影：前排左起石铸、张佃名、傅立国、张芝玉、戴伦凯、杨汉碧、李沛琼、陆玲娣、梁松筠、谷粹芝、陶君容、黎兴江、曹子余、吴鹏程、汤彦承、江万福、金存礼；二排左起钟补求、崔友文、裴鉴、关克俭、林镕、秦仁昌、张肇骞、陈封怀、胡先骕、陈焕镛、钱崇澍、陈嵘、刘慎谔、耿以礼、方文培、唐进、郑万钧、陈邦杰、姜纪五、孔宪武；三排左起：陈心启、陈介、吴兆宏、李安仁、陈艺林、俞德浚、李树刚、诚静容、匡可任、乔曾鉴、张宏达、吴征镒、马毓泉、吴长春、汪发缵、王宗训、冯晋庸、张荣厚、刘春荣、郑斯绪、马成功

和四川大学方明渊担任大属铁线莲属 *Clematis* 和 1 个小属，植物所禾本科专家刘亮担任了大属毛茛属 *Ranunculus* 和 4 个小属的编写工作。第四是紫草科，收入第六十四卷第二分册，于 1989 年出版。此科在 1973 年广州召开的"三志"会议上，决定由西北师范大学生物系朱格麟等先生编写，他们邀请我担任了微孔草属 *Microula* 的编写。第五是苦苣苔科，载第六十九卷，由我和潘开玉、李振宇合作完成。第六是荨麻科，载第二十三卷第二分册，在 1995 年出版，由我和陈家瑞合作编写。

## 主编《植物分类学报》

1928 年秉志和胡先骕两先生在北京建立静生生物调查所，第二年开始出版该所学报《静生生物调查所汇刊》，一直到 1941 年停刊，但在 1943 年和 1948 年又出版了几期增刊。1929 年刘慎谔先生也在北京建立北平研究院植物研究所，从 1931 年开始出版该所学报《国立北平研究院植物研究所丛刊》，一直到 1949 年。1949 年底中国科学院成立，将静生所的植物部分与北研植物所合并，成立中科院植物分类研究所。该所于 1951 年开始出版《植物分类学报》，并说明该学报为上述两学报以及过去中国科学社出版的《中国科学社生物研究所汇报》和过去中央研究院出版的《国立中央研究院植物学汇报》两学报的继续，由所长钱崇澍先生任主编。钱老于 1965 年过世后，由林镕先生任主编。"文革"开始不久，《植物分类学报》与全国其他学科的学报均被迫停刊，一直到 1974 年复刊①。

《植物分类学报》复刊后，我被聘为编委，分工担任新分类群方面的工作。由于"文革"，学报停刊 7 年之久，有大量新种稿件积压下来，当学报一复刊，便有大量的关于新种稿件不断寄来。我担任编委之后，对审稿工作十分重视，把此项工作排在我的各种工作次序的首位。凡学报稿子交给我，便放下其他工作，先完成审稿。所以，在担任编委后，我那几年的编写植物志有关诸科的任务受到一定影响。

---

① 《植物分类学报》创刊于 1951 年，1959 年出版至 8 卷 2 期曾停刊，1962 年复刊，至 1966 年又被停刊，1974 年属再次复刊。此刊虽经反复，但其卷数一直延续。该刊发表的论文代表中国植物分类学的学术水平和发展方向，在国内外有着深远的影响。

　　大概在 1977 年左右，林镕先生身体不好，秦仁昌先生继任主编工作。到了 1979 年，一天植物所党委徐全德书记找了学报室主任鲁星先生等和我开一小会，会上决定由我担任《植物分类学报》责任副主编，协助主编秦老负责学报的编辑工作。那时，秦老因腿伤不能来所，只能在家工作。此后，我在学报上花的时间更是大大增加了。所有稿件，都由我先看，提出初步处理意见；然后，编辑部再将有关稿件连同我的意见转给秦老。遇到较复杂，不好解决的问题时，我和编辑部的董惠民先生就到秦老家中，与秦老讨论解决。那时，秦老对我的初步意见大多写上"同意"两个字。

　　这样过了 3 年，到了 1982 年，所领导决定让我接任秦老担任主编职务。议决的经过我不大清楚，大概是因为秦老身体差了。我只是服从领导分配，担负了学报的全面审稿、看校样等。工作量的增加，再加上自己的

1983 年 5 月，中国科学院植物研究所分类室全体成员在陆谟克堂前合影，二排左 4 为王文采。由这张照片，可知经过"文革"之后，我国植物分类学第一、第二代的老先生多已去世，仅剩下秦仁昌先生，但他因腿伤，只能在家中工作

研究工作，我一直都在紧张地工作之中。大约在 1983 年之后，我逐渐感到疲乏。到了 1986 年 6 月我 60 岁生日时，我向植物所人事处递交了申请退休的报告，并给中国植物学会递交了在我 1988 年主编任期届满时，请该会决定新主编人选的报告。后来是洪德元先生接任主编。我在 1988 年如期卸任后，感到了"无官一身轻"。

在我与《植物分类学报》的 14 年时间中，学报刊载的文章大多是新种稿件或一些科属的分类学修订等，这些方面可以说是《中国植物志》的副产品①。也有一些结合分类学的细胞学、孢粉学以及数量分类学、植物地理学等方面的论文，代表了我国分类学研究的逐渐发展的趋势。记得 50 年代吴征镒先生在访问苏联返国时，谈到苏联植物学家提出我国在植物系统发育和植物分类系统方面缺乏研究工作②。我想，这种情况是由于我国近代分类学研究历史较短的缘故。我国的研究工作的起始点，大概可以从钱崇澍先生 1916 年发表的我国植物学近代分类学的第一篇文章《宾州毛茛属的两个近缘种》算起，从这点到吴先生访苏时不过 40 年的短暂时间。在这短短的 40 年中，国家还经历了战乱，研究工作不能顺利进行。那时全国范围的植物标本采集工作只做了一部分，还有许多地区未进行调查采

---

① 据统计，在 1985—1989 年间，《植物分类学报》发表《中国植物志》有关论文 129 篇，占 5 年发表文章总数的 36.4%，其中新属（含亚属）17 个，新种（含变种）174 个，在国际上为我国学者争得了优先权，极大支持了《中国植物志》任务的完成。（《中国科学院优秀期刊评比申请表》，中科院植物所档案）

② 1957 年根据中国科学院与苏联科学院合作协议，植物所提出聘请苏联著名的系统学专家塔赫他间来华协助工作，没想到 1958 年"大跃进"期间塔氏便来了，当时植物所并未开展系统学研究，对此不合时宜的邀请，植物所当时即有清醒的认识："塔赫他间教授访华前曾给我们写好了一个关于被子植物系统发育问题的讲稿（40 万～50 万字），对于我所今后系统问题的研究有一定参考价值。但由于目前我国尚未从事系统问题的全面研究，他来华的学术作用就受到限制。"（《中国科学院植物研究所十年来对苏联专家工作的总结报告》，1960 年 9 月 13 日，中科院植物所档案）不过塔氏来访的意义却是深远的，今天还有人在谈论他，还有人要做中国的塔赫他间，至少可以说系统学在中国得到了发展。

集。所以那时编写《中国植物志》的基础条件还不具备，当时的主要精力是放在完备这些条件以及培养人才方面，还没有进行植物大群分类系统研究的力量。就是到了现在，《中国植物志》80 卷已全部完成出版，在标本和文献等方面，我们的标本馆和图书馆跟世界上一流的标本馆和图书馆相比，还是有不小的差距，以后要赶上去，还要付出不懈的努力。

## 植物标本馆

进行植物分类学研究需要两个基本物资条件，一个是标本，另一个是文献。19 世纪英国学者 B. Bentham & J. D. Hooker 费时 20 年编写出世界种子植物属志 *Genera Plantarum* 巨著。此后，德国学者 A. Engler 编写出规模更大的世界植物科、属志巨著 *Die Natürlichen Pflanzenfamilien*。这两部植物分类学大部头著作的完成，就是依靠拥有包含世界各大洲植物标本的大标本馆来完成的。今天我们植物研究所标本馆的收藏，始自胡先骕先生和刘慎谔先生在各自创建研究机构之初，即立即派采集员到各山区采集植物标本，这充分说明两位先生对植物标本在分类学研究中的重要性有高度认识。

静生生物所方面：王启无从上世纪 20 年代末到 1934 年在河北采到 1 万余号，1931—1936 年在云南采到 2 万余号，1939—1941 年与刘瑛在云南东南采到 2 万余号。根据他所采的标本发现了 3 个新属：木兰科的拟单性木兰属 *Parakmeria* Hu & Cheng，萝藦科的胡氏茶药属 *Huthamus* Tsiang，毛茛科的毛茛莲花属 *Metanemone* W. T. Wang。唐进 1929 年在山西采到 9 000 号，发现兰科一新属孔唇兰属 *Poropabium* Tang & Wang。汪发缵

1930—1931 年在四川西部采集，发现二新属：野茉莉科的木瓜红属 *Rehderodendron* Hu，紫草科的车前紫草属 *Sinojohnstonia* Hu。蔡希陶 1931—1933 年在云南采到 2 万号，发现二新属：桑科梨桑属 *Smithiodendron* Hu，兰科的长喙兰属 *Tsaiorchis* Tang & Wang。俞德浚 1931—1933 年在四川西部，1937—1938 年在云南西北，共采到 2.4 万余号，发现百合科一新属：俞莲属 *Yulirion* Wang & Tang。李建藩 1929 年在河北采到 1 万号。刘瑛 1935—1936 年在河北，1938—1941 年在云南西南和中部，1942 年在湖南采集。秦仁昌 1939—1940 年在云南西北采集。

北平研究院植物所方面有：刘慎谔 1931—1934 年在内蒙古南部、甘肃、新疆克什米尔、印度北部采到 4 500 余号，1935 年在山东，1938—1939 年在四川峨眉山及四川北部采到 2 600 号，1940—1946 年在云南采到 1 万号。郝景盛 1930 年在四川北部、甘肃南部、青海东部，1932 年在河南、陕西采集。夏纬瑛 1930—1940 年在北京、内蒙古、宁夏、甘肃采集。孔宪武 1931 年在吉林、黑龙江东南，1933—1937 年在秦岭采集。王作宾 1933—1934 年在陕西太白山、内蒙古，1935 年在湖北西部采集。刘继孟 1931—1934 年在河北、山西，1936 年在陕西、甘肃，1939 年在河南南部采集。钟补求 1937—1938 年在陕西南部采集。傅坤俊 1937 年在甘肃南部、四川西北部采集。林镕 1942—1945 年在福建采到标本数千号。

此外，此两所还与广州的中山大学农林植物研究所、南京的中央研究院植物所进行大量标本交换。经过大约 20 年的努力，两个研究所的标本馆在解放后合并时共有标本 30 万号，其中包括全国大多数省份的标本，只是西藏、新疆南部、黑龙江大部等省份的标本尚缺乏。解放后，植物研究所组织或参加多数调查队，大规模的综合考察队有黄河、新疆、青藏、云南等队，较小的有河北、内蒙古、广西、江西、青甘、山西、四川、河

南、贵州、武陵山区等多数地区的考察采集。在大约 50 年中，采到大量植物标本。1956 年钟补求先生将他父亲钟观光所采全部珍贵标本赠送给植物所。这样，植物所标本馆拥有标本数量急剧增加，达到 200 多万号。

解放后，静生所的大楼成了中国科学院的院部办公楼，静生所的标本和图书都搬迁到北研植物所的大楼陆谟克堂中。这样，陆谟克堂第三层的植物标本馆便显得拥挤，以后逐年采集，不断增加，拥挤情况越来越严重。大约在 1958 年，所领导决定在植物园东侧的袁氏墓地附近兴建新的标本馆。但是，没有想到在"大跃进"运动的 1958 年，突然陷入困难时期，修建工作立即停顿。大约在 1959 年初，我看到在现在的新图书馆一带堆积了不少建筑材料。以后，这些建材逐渐消失了，造成不小的浪费，实在可惜。

以后，领导决定将植物所搬迁到昆明去，此事未能实现。这样，陆谟克堂标本馆拥挤问题就又提了出来，大约在 1974 年，分类室不少人员联名向中央领导写信，呼吁批准在香山修建植物标本馆，得到中央的重视。记得由工人提拔的孙健副总理，曾亲自到植物所陆谟克堂视察，了解情况，报告很快被批准。

建馆工程于 1979 年开工，由一支解放军的建筑队承建，拖拖拉拉建了三四年，到 1983 年才建好。新馆为六层大楼，彻底解决了标本存放问题，对于分类学研究工作，以及《中国植物志》的编写起到了极大的促进作用。在 1984 年，我们分类室高高兴兴地从动物园陆谟克堂搬进了香山新馆。近年来，植物所标本馆开始收集世界各大洲的植物标本，这是一个非常重要的决定，对此我感到高兴。为了使我们的标本馆早日成为世界一流的标本馆，还需要付出长期不懈的艰苦努力。

对"鸣放"的事，我没有用心考虑。我想，即使那天我有发言的机会，也提不出太多的意见。

那年秋天，中科院在中关村搞代食品座谈会，交流用野菜等代替粮食的经验。随后，植物所派出数个小分队搞代粮调查。

我从 1996 年到 2001 年先后在欧美 10 余个标本馆研究了铁线莲属全部种类的标本，完成并发表了此属修订的大部分工作，提出了此属的新分类系统。如果没有改革开放，这些工作是不可能完成的。

第 *5* 章

# 往事杂忆

## 学习俄文

解放后，我国在政治上向苏联"一边倒"，在自然科学方面也是号召向苏联学习，并积极提倡学习俄文。1952 年，北京大学的李天恩，我在北京四中同年级的同学，发明了"循环记忆法"，就是每天记大量生字，用一个月较短的时间学俄文文法和一些文章，学完后可以读本专业的俄文文章。那年 12 月，北京大学开办了一个俄文突击学习班，邀请全国教学和科研单位派员参加。中科院当时在京的东、中、西三区各派一人参加。西区有植物所、昆虫室、动物标本整理委员会等机构，派我参加，东区派的是邓稼先先生。一个月的学习，达到了预计的程度，真是紧张的脑力劳动。

学习结束，进入 1953 年，中科院决定自 1 月份起，在京各研究所停止研究工作，全体科技人员突击学习俄文，西区由我任辅导员。我在植物所、昆虫室找了几位会俄文的先生帮助我做辅导工作，记得有赵继鼎、刘友樵两先生，应用北京大学突击学习的教材。在开课的第一天，竺可桢副院长来作了动员讲话，接着我即开始把北大李天恩的一套照样实践了一遍。在这个过程中，我了解到植物所的老先生们，如林镕、张肇骞、汪发缵、匡可任等，因为过去有植物学拉丁文等外文基础，再加上他们学习认真，结束考试时，都取得好的成绩。值得一提的是，那次学习，北大医学院的诚静容先生和她的一位助教也来参加学习，住在西区南院的一间房中，可能她患了感冒，有不少天没有参加学习。让我惊奇的是，在考试中她却得了高分。

在这次学习和传授俄文中，我自己的收获不小，以后能读一些俄文植物学著作，并在 1956 年、1957 年和 1962 年发表的四篇论文中，用俄文写了摘要。

# "反右" 运动

1957 年，毛泽东主席发表了《正确处理人民内部矛盾》的讲话，倡导鸣放。此后，民盟等一些民主党派的人士发表了不少关于教育等方面的意见，由此引起了毛泽东的不满，并发动了一场"反右"运动。其规模遍及全国，许多优秀人士被打成右派，这是许多人，包括我所没有想到的。

植物所选择了一个星期一的上午开"鸣放会议"。那时我的儿子上托儿所，每周一早晨由我送到我爱人工作单位卫生部在北京东城美术馆后的托儿所全托，每周六下午接回家。所以，植物所展开"鸣放"的那个星期一早晨，我因先送孩子到托儿所，然后乘车到动物园植物所，这段路比较远。等我回到陆谟克堂小组会上，已是九点半左右，听见周铉在发言。他

1957 年 4 月，王文采在植物所陆谟克堂 206 室
进行《中国主要植物图说》毛茛科编写工作

发言后，小组长就宣布散会。这样，在会上我没有发言，除周铉的发言外，其他同志的发言我都没有听见。当时，我担任的《中国主要植物图说》毛茛科的编写工作，大部分虽已完成，但还有不少的问题没有解决，同时又增加了鉴定"中苏云南考察团"所采标本的工作，科研工作相当紧张。那时，我因为工作相当努力，住在什刹海卫生部的宿舍，早上 5 点左右起床，6 点多就到植物所，中午饭后不休息，一直工作到下午下班，尽量抓紧时间。所以，对"鸣放"的事，我没有用心考虑。我想，即使那天我有发言的机会，也提不出太多的意见。

《人民日报》"反右"的社论发表后，植物所政治学习组开始批判几位同志的言论，情势逐渐紧张起来。从小组会的批判发言中，我才了解到我们组黄成就先生在那个星期一的发言内容。黄先生是 1952 年到植物所，他告诉我，他是张肇骞先生的研究生，研究牻牛儿苗属 *Geranium* 的分类。我看过他收集的此属文献卡片，数量很多，了解到他的业务好，分类学基础好。后来，也了解到他比较骄傲。前面提到过，他喜欢广东音乐，擅长扬琴，在 1953—1954 年间，我们俩和生态室的姜恕先生曾合奏过几首广东音乐。黄成就发表关于人事档案的意见当时看来是错误的，应该给予批评教育①，因为人事档案是考核每个工作人员的依据。毛泽东在谈到正确处理人民内部矛盾时提出应该从团结的愿望出发，通过批评教育达到新的团结。据此，我感到过度的批斗是不妥的。因此，我在批判黄先生的会议上表现不好，并受到批评。经过两三次全所批判会后，黄先生和植物所其他几位同志被定为右派分子。以后，黄先生调到华南植物所去了，我听说在"文革"中因为他曾被定为右派，并因为保护陈焕镛先生而挨批斗、挨打，身体受到损害。

在"反右"中，我觉得植物所姜纪五书记保护了老先生。听说姚璧君被打成右派，她所说的都是她的老师喻诚鸿先生所说的，喻先生倒没打成右派。匡可任先生骂人很难听，也都没有被打成右派。夏纬琨先生却受到伤害，让他退职了。"文化大革命"后，一次他来所里，看着挺可怜的。这个人很精明，对标本室管理有一套。我搞毛茛科，了解到好多标本是他定

---

① 黄成就（1922—2001），广东新会人。1948 年北京大学毕业，1949 年入中山大学农林植物所攻读研究生，1952 年毕业后来中科院植物所。在 1957 年"鸣放"时，他有这样的言论：对于人事档案制度，他并不赞同一些人提出公开档案，而是主张发还给本人，听任其本人处理。对于国家的法制，他说"肃反运动"有万余名知识分子到现在还没有提出起诉，至于他们的罪名，正因为没有法制而难以确定。对于派遣留学生制度，他认为是重德轻才。对于科学事业和高等学校，因领导干部只重德故能力不强，而同意民主办校。认为"向科学进军"是政治口号，没有信心。怀疑社会主义制度的优越性。1958 年经植物研究所和中国科学院批示，被打成右派分子。1979 年植物研究所对黄成就的右派问题进行全面复查核实，予以撤销，并补发其工资。（《对黄成就右派问题的复查报告》，中国科学院植物所档案）黄成就于 1959 年调往昆明植物所，1963年再调往华南植物所。

的名。还有刘瑛先生，是一个采集员，精神上有点神经质，也受到批判给退职了，这个人挺可怜的。另一位黄福臻先生，在标本馆工作，写的那字就像钱老的似的，工工整整，我没跟他细谈过，他很少说话。"反右"的时候，很快就在二里沟宿舍里自杀了。

"反右"在全国定了不少右派分子，违背了正确处理人民内部矛盾的方针，右派中有不少数目的教授、工程师等高级知识分子，他们个人受到摧残，对国家建设各方面来说，造成人才的损失。对这段历史的经验教训，值得总结。

## 困难时期

1958 年八九月我在云南考察时，看到丽江、鹤庆县城到处建起了小高炉炼钢，还看到公路上一辆辆大卡车装满了铁锅等铁器，不分昼夜地运往昆明，这时听说昆明云南大学把铁窗都拆下来炼钢。一天，我们到了金沙江急剧拐弯处的石鼓镇，住在区政府小楼上，看到区长情绪不安地在稻田中估计产量。那时，稻亩产量指标数字不断提高，到了骇人的若干万斤的程度。1958 年，全国气候不错，风调雨顺，粮食获得丰收，但由于进行"大跃进"各种活动，庄稼的收割受到影响，以致丰收变成了歉收，造成了困难。1959 年，不少地方闹饥荒，发生饿死人的灾情。植物所食堂的菜价不断下跌，到了几分钱，没有什么营养，一些同事出现了浮肿。

那年秋天，中科院在中关村搞代食品座谈会，交流用野菜等代替粮食的经验。随后，植物所派出数个小分队搞代粮调查。9 月下旬，我先与绘图室的赵宝恒同志到密云县丘陵地区调查栎林，了解橡子代粮经验，并没有取得什么成果。但从一位老农那里了解到当地植被的变迁，却是意外收获。我们在密云县城边找到一个小旅店住下，一天，吃过晚饭，到旅店外散步，看见一位 70 岁左右的农民老大爷坐在路边纳凉，我过去和他聊天。这位老大爷告诉我，过去在这荒坡上都长满了杂木林，有椴树（可能是糠椴 *Tilia mandshurica*，蒙椴 *Tilia mongolica*）、朴树（*Celtis bungeana*）等。我又问他，是什么时候变成了现在的荒坡。老人回答说是打仗，尤其是抗日战争，那时日本鬼子搞三光政策，在县城和铁路附近不允许出现青纱帐，不允许种高粱等高植株作物，就更不用说这些茂密的杂木林了，都被砍光了。这次调查结束后，我又与杨汉碧、江万福（当时跟随俞德浚先生搞蔷薇科研究）两先生到了白洋淀，调查水生代粮植物，和上次一样，也是无多大收获。以后领导提出"瓜菜代"的口号，我感到不错，只有依靠农民种好农作物，才能度过荒年。

1956 年植物所开始在香山兴建植物园，大概在"大跃进"的 1958 年，所里决定在香山植物园建植物标本馆，因为陆谟克堂的第三层标本室中已装满。在 1959 年已开始动工，因进入困难时期而停工。1960 年全国实行休养生息及其他重要政策，起了重要作用，农业生产及其他经济建设逐渐恢复，并取得成就，全国形势很快好转了。1962 年在广州召开了会议，大家听到给知识分子加冕等情况都感到高兴。动物所刘崇乐先生是民盟盟员，那时他参加我们植物所民盟小组。在汪发缵先生家的一次民盟小组会上，他谈到了这次广州会议情况。我还记得他说会议结束后，他们乘卧车返回北京，在夜间为了让老专家们睡好，列车在一个车站停下，刘先生未睡，下车在站台上散步，看到车站上保卫人员戒备森严，他非常感动。这次会议之后，我国经济形势全面好转，但不久一个新的社会主义教育运动又接踵而至，掀起了又一个政治波澜。

# "文化大革命"

1957 年的"反右"运动伤了不少人。时过 9 年，1966 年又掀起了一场更大规模的"文化大革命"，在人才方面，造成了空前的损害，在国家经济建设方面也造成了很大的损害。除四旧、抄家、批斗、逼供、殴打等非法行为，对社会道德造成了极大的侵蚀，且影响巨大。这方面的教训，都值得认真总结。

在植物所分类室，我国近代植物学的奠基人之一胡先骕先生，因遭受抄家、批斗而过早地去世。另一研究人员郑斯绪，极具才华，也因被批斗而自杀身亡。此外，华南植物所前所长，我国近代植物分类学奠基人之一的陈焕镛先生，副所长张肇骞先生，以及江苏植物所前所长裴鉴先生也都受到批斗而过早地离世。这些先生们的过世，是我国植物分类学研究事业上的不可挽回的损失。

在"文革"中受到影响的，我想谈谈简焯坡先生。那时他已从中科院院部回所任革委会副主任，工宣队批他是两面派，是因为他到匈牙利出差，把相机和一些资料给丢了。批斗会在植物所食堂里举行。那天，我坐在第三排，我看见他流泪了，是有委屈，后来他在 1973 年就瘫痪了。我在 1950 年来所的时候，简先生已经到院里计划局工作，当主要领导。当年夏天，7 月份左右，科学院召开第一次院务扩大会议，会议地点就在静生所的大楼，全国的著名科学家都来了，我看到好多科学家，钱三强及夫人，贝时璋等。所里派我和王宗训去当工作人员作记录，各个所都派了人，会议行政总负责就是简焯坡先生。会务事情多，他全力投入工作，晚简焯坡（1916—2004），广东新会人。1936 年入清华大学学习，1941 年毕业于西南联合大学，留校任助教。1945 年 8 月—1949 年 11 月在北平研究院植物研究所任助理研究员。1949 年 11 月中国科学院接收北平研究院植物所后，重新组建植物分类研究所，先后任该所助理研究员、副研究员、研究员等研究职务，还先后兼任科学院计划局计划处代处长、调查研究室主任、生物地学组组长、综考会副研究员。1961 年 3 月—1965 年 10 月任植物研究所副所长兼对外联络局副局长。1965 年 11 月回植物所任副所长。简焯坡自 1973 年 7 月患脑血栓后一直在家休养，1987 年离休。

简焯坡（摄于1960年）

上他就睡在办公室里面，我当时看见就很佩服。到了 1973 年 3 月底 4 月初的时候，中国植物志、中国动物志和中国孢子植物志，在广州召开"三志"会议，住在羊城宾馆。关克俭先生、简先生和我三人住在一个房间，我是在窗前搭一张行军床。晚上两三点钟我醒来上厕所，简先生还在那儿看文件，翻字典，是为参加巴黎联合国教科文会议，阅读有关国家的文件，他拿着字典看。中午吃完午饭以后他睡一会儿，又继续看那些文件。那时，他就在旅馆小卖部买一种治疗高血压的药"寿比南"，此前，我没听说过简先生有高血压。从广州回来不久，他就遭到批斗，不久便瘫痪了。之所以会瘫痪，一个是他的工作量大，一个是"文化大革命"受到一定的刺激。我非常佩服他，很尊敬他。

在"文革"期间，植物所差一点搬迁到昆明去了。事由是在 1964—

1965 年，在进行"三线"建设的时候，决定将植物所迁往昆明，并在离昆明 40 里的温泉楸木园建所。到"文革"期间，办公楼、标本馆、宿舍等都已盖好，1971 年所里买了大量木箱，准备全所搬往昆明。但这时，分类室的大部分同志认为标本馆是供给全国各相关研究人员使用的，搬到西南一角，对大家不方便，因此提出不搬迁，对"搬迁"的决定造了反，全所也都同意了，于是搬迁昆明的决定告吹。

# 改革开放之后与国外学术交流

邓小平同志倡导改革开放之后，国家经济蓬勃发展，自然科学研究经费也有了保障，各研究所科研经费越来越多，在植物分类学方面也可看到不少变化。首先是与国际植物学界交流得到增强，在 1978 年改革开放之初，美国一位植物学家高尔斯敦先生首先来访，他回国后在有关刊物上发表了介绍中国植物学界情况的文章。接着美国密苏里植物园园长 P. H. Raven 博士来华访问，以后植物所原所长汤佩松先生率中国植物学代表团回访。在这次访问中，植物分类方面的俞德浚、吴征镒两先生与 Raven 博士就《中国植物志》英文版编写问题进行了初步讨论。1988 年中美合作编辑出版英文版 *Flora of China* 编委会成立，各卷开始编写。近 20 年来，担任中文版《中国植物志》各科多数学者获得机会到国外查阅标本，与国外学者合作交流，这大大促进了我国植物分类学研究，提高了《中国植物志》的质量。

前面我说过，进行植物分类学研究，有两个基本条件，一是文献，一是标本。在这两方面我国与欧美的大标本馆相比有不小差距，在图书馆方面，植物所和兄弟所的图书馆，都缺乏不少植物分类方面的著作和学报，有些学报虽有，但不齐全，要想补齐，搜集完备，要花费很大的人力和物力。在开始一个类群的研究时，首先要搜集文献，如文献不全，研究工作的进度就会受到影响。改革开放后，可以到国外大标本馆的图书馆去查找文献，或托外国同行帮助复印等，这样，就可以避免受到阻碍。在标本方面，我国的标本馆在数量等方面，仍有差距。在地域方面则更大，收藏的标本主要是中国植物，国外标本方面，只有少量欧洲和美国的标本，其他国家或地区的标本则甚少或缺乏。洪德元先生在 2006 年初在《植物分类学报》上撰文，介绍由邱园豆科专家编著的新书《世界豆科植物》时说，此书作者研究了邱园标本馆收藏的 72 万多号豆科植物标本。我看过此文后，曾去找植物所标本馆馆长李良千先生，询问我所标本馆有多少豆科标本。回答是"十二三万号"。也就是说与邱园的豆科标本相差近 6 倍之多，这是一个不小的差距。研究一个植物类群，应对这个类群分布区中的所有种类的标本进行研究，如有可能到野外看到活植物最好，然后才有可能对这个类群中植物的亲缘关系、系统发育等情况有所了解。像过去得自然科学奖一等奖的秦仁昌先生的蕨类分类系统，钟补求先生玄参科马先蒿属分类系统，这些成果的取得，都是这两位先生分别对国内外有关植物类群的大量标本进行深入研究。也就是说，这两位先生虽然有很高学术水平，如果不出访国外大标本馆，只在植物所标本馆工作，只能看到有关类群的中国植物标本，那么，他们就不可能取得上述成绩。

在标本方面还有另一个模式标本问题。前面谈到，我国近代植物分类学研究是在 1916 年之后，钱崇澍、胡先骕、陈焕镛、刘慎谔等先生先后自国外学成回国，建立了植物研究机构之后，才开始起步的。也就是说，在此之前，关于中国植物分类学研究是由外国学者进行的。在 17 世纪末，英国学者 J. Cunningham 到厦门及舟山群岛采集植物标本，1740 年法国园艺学家 P. D'Incaville 在北京、澳门等地采集，1751 年瑞典学者 P. Osbeck 到广州一带采集，将所采集到的标本送给他的老师林奈（C. Linnaeus）研究。在林奈编著的植物分类学名著 *Species Plantarum*（《植物种志》）中，根据 Osbeck 所采的标本，描述了 37 个新种，并以 Osbeck 的名字命名野牡丹科的一新属为 *Osbeckia* L. （金锦香属）。自此以后到 1840 年，不少欧洲学者不断到广州、北京及一些沿海地区采集。1840 年鸦片战争中国战败，《南京条约》签署，五口通商，国门大开，欧洲各国的采集家更多来到我国，且深入到全国所有省、区，采走大量的植物标本，存放在各有关国家的植物标本馆中，由这些标本馆的学者们进行研究。他们根据所得到的标本，描述了大量新种，不少新属，以及一些新科。这些新种的模式标本自然存放在这些不同国家的标本馆中，这样就给中国植物分类学家的工作造成困难。在改革开放之前，闭关自守，与外国植物研究机构没有来往，没有标本交换、借用关系，也就无法借到模式标本。

以我的亲身经历，可以体会到与国外学术交流在改革开放前后的不同。在 1962 年编写《中国毛茛科乌头属志》的初稿时，爱丁堡植物园 L. A. Lauener 发表了一篇关于西藏乌头属的文章。文中描述了十几个新种，我看过此文后，到我们标本馆翻阅标本，了解到我们没有这些种的标本。这时，我只好通过领导批准给 Lauener 写信，提出借用模式标本的请求。他在回信中答复说，他们植物园与我们植物所没有借用标本的关系，模式标本不能借出，但他将十余张模式标本照片寄赠，对我的工作有很大帮助。改革开放之后，情况大有改变，现在植物所标本馆与世界多数标本馆建立了联系，借用模式标本等，都比较容易办到。我最近还有一个经历，1996 年我决定进行毛茛科铁线莲属的研究，以及此属的全面修订工作。

我借到美国与史密桑研究所南美苦苣苔科专家 L. E. Skog 博士进行英文版《中国苦苣苔科志》的定稿工作之便，到哈佛大学植物标本馆研究该馆收藏的世界各大洲的铁线莲属植物标本，并挑出近 400 张标本借用。在当年冬季，这些标本就寄到植物所标本馆，至今超过 10 年，尚未归还。2007年 5 月下旬，哈佛大学植物标本馆馆长 D. E. Boufford 博士来植物所，我见到他时，对长期借用标本未还表示歉意。但他极为友好地回答说，标本尽管用，如还需要其他标本，包括模式标本，只要写信告知，他即将标本寄来。他的好意，使我深为感动。就是有这样良好的学术交流机制，我从1996 年到 2001 年先后在欧美 10 余个标本馆研究了铁线莲属全部种类的标本，完成并发表了此属修订的大部分工作，提出了此属的新分类系统。如果没有改革开放，这些工作是不可能完成的。

这次考察是我今生植物学研究生涯中的最后一次野外考察。

我所使用的是火车月票，价钱虽便宜，但限制了我的工作时间，在一个地方只能安排六七天。

在难过的气氛中向他告别，这是我最后一次见到 Lauener 先生。

我国的植物调查采集工作，还要继续下去，还要付出人力物力。

第 *6* 章

# 离休之后的研究与访学

## 离休

按国家制定的离休和退休的规定，我是解放以后参加工作，只能办理退休。但我在 1949 年 7 月大学即将毕业时，参加了在清华大学举办的为期一个月的"平津大学毕业生学习班"，学习了毛泽东《论人民民主专政》、斯大林《辩证唯物主义与历史唯物主义》和刘少奇《论党》，组织学习的目的是要求我们在毕业之后服从分配。在 20 世纪 80 年代，当年学习班上的副主任龚子荣同志，已是中共中央组织部顾问，他向组织部打报告说，1949 年毕业的这一届学生，是供给制，应该享受离休待遇。在 1985 年左右，中央组织部同意参加这次学习班的学员可以享受离休的待遇。1986 年 10 月，中科院关于科研人员 60 岁一律退休的文件在植物所传达，那以后，我就办理了离休手续。

离休之后，所里的计划任务没有了，我想可以轻松一下，计划每周两天时间到标本馆来，随便看看标本。但是此后，发现仍然有一些事情要做。在 1987 年春，安徽中医学院王德群先生到北京来，建议我到黄山一游，我欣然同意。那年 8 月，在他的热情协助下，我到了著名的黄山，看到了可以代表华东区系的黄山植物区系，非常高兴。1988 年 3 月，应内蒙古大学马毓泉先生的邀请，访问了他们的生物系，看了毛茛科标本，并根据过去在研究我国紫草科、毛茛科、荨麻科等科过程中，看到的各种间断分布事例，我在他们学校作了一个题为《中国植物区系中的一些间断分布现象》的报告。以后，将报告写成一稿，投《植物研究》，于 1989 年发表。5 月，参加广西九万山调查队，到了广西柳州石灰山区和融水县九万山。这年秋天，我先到江西大学看植物标本，继又应浙江林学院的邀请，访问该校并游览了著名的天目山。1989 年夏，李振宇等同志组队到湖南武陵山区考察，我随他们到了湖南桑植天平山。工作结束后，我来到长沙，到湖南师大植物标本馆看了毛茛等科的标本。

1988 年，中美英文版 *Flora of China*① 编委会成立，计划 25 卷的编写任务开始。这样，不少《中国植物志》上已发表的科，在此可以得到修订，也可以说是《中国植物志》的第二版，我负责其中的毛茛科和苦苣苔科。在国内毛茛科是与傅德志、李良千两同志合作；苦苣苔科则是与潘开玉、李振宇两同志合作。

---

① 即英文版《中国植物志》，系由中美合作编译，于 1988 年 10 月在美国签订合作协议，并组织成立编委会，由吴征镒和美国密苏里植物园主任 Peter H. Raven 任主席。全书共分 25 卷，编译格式仿效《欧洲植物志》，种的描述在 130~150 个词，仅保留原始文献和必要的异名，无图版。参加编译的人员，原则上聘请原来承担中等以上科属的中国专家参加，同时，聘请国际上相应科属的专家参加协作，以求质量得到进一步提高。

## 在瑞典短暂工作和考察

我的小女儿王卉，1989 年在瑞典乌普萨拉进修。她直接找乌普萨拉大学植物博物馆，希望能为我联系到来这里研究的机会。该馆馆长念及他们馆藏植物标本中，有前馆长 H. Smith 博士于 20 世纪 20 和 30 年代在中国四川、山西等地采集的标本，还未做系统整理，现在有位中国植物学家予以研究是非常有必要的，因此他申请了一笔经费。1990 年王卉来信说，她与乌普萨拉大学植物博物馆联系好，该馆已决定邀请我在 9—11 月间在该馆做短期工作，经我们分类室主任陈心启先生的大力支持，这次访问得以如愿。这是我第一次出国访问，但此前曾有两次机会，第一次是 1956 年到民主德国进修，第二次是 1979 年到英国邱园短期访问，这两次机会或因我母亲生病或因其他事务，未能成行①。

我在那年的 9 月 7 日由北京飞抵斯德哥尔摩机场，乘车至乌普萨拉，住在女儿家。8 日为星期天，王卉带我浏览了全城，并到了大学植物博物馆。城市不大，人口不多，街巷到处是鲜花，很美丽。乌普萨拉是大分类学家林奈的故乡。

乌普萨拉大学历史悠久，建校已有 500 多年，它的标本馆历史也很悠

① 其实王文采先生还有两次出国的机会，只是最后没有得到批准而未实现。当时人事工作，非常保密，也就不为其本人所知。一次是在 1956 年，中科院首次选派人员赴苏联留学，王文采先生在植物所的候选人之列，只是在最后审查时，认为其斗争性不强而落选；第二次是在 1960 年，中科院派遣实习生赴苏联，植物所将王文采列入计划，云"赴苏进修伞形科等植物分类学，期限二年，进修单位是苏联列宁格勒柯马洛夫植物研究所，拟于第四季度出国"，并将王文采的人事材料报送到科学院，最终没有成行。至于其中原因，是科学院没有批准这项计划，还是植物所又有改变，不得而知。

久，林奈的学生 C. P. Thunberg 的标本全部收藏在这里，也就是说他在 1784 年出版的 *Flora Japonica* 一书中描述的日本植物新种的模式标本都在这里存放，所以，多年来不少日本分类学家先后来这里访问。该馆与中国也有一定的关系，前馆长 H. Smith 博士在 1921 年、1924 年、1934 年三次到中国，在河北、山西、四川西部和云南等地进行了深入采集，采到近 2 万号标本，多数标本，由不少欧洲分类学家研究，其中 H. Handel-Mazzetti 研究最多，根据他的标本，发现了不少新种及一些新属，如伞形科的细裂芹属 *Harrysmithia* Wolff，新种如黑柴胡 *Bupleurum smithii* Wolff，毛茛科的山西乌头 *Aconitum smithii* Hand.-Mazz. 等。

9 日早晨不到 8 时，我便到了植物博物馆。馆长 R. Moberg 博士，一位地衣学家，早已到馆上班。见面互致问好后，他即带我参观植物标本馆。标本馆共有二层，约有 200 余万份，一层藏世界各国的标本，二层藏

1991 年 7 月，王文采访问瑞典乌普萨拉大学植物博物馆时与该馆馆长 R. Moberg 博士在标本馆中合影

瑞典本国的标本，北端是一个大厅，藏菊科等科标本，以及副号标本，中央有个弧形小讲台，有 8 柜 Thunberg 的标本，柜上有林奈等三位植物学家的塑像，讲台中央有 Thunberg 的半身塑像。Moberg 馆长带我走到藏有副份标本的一个大柜前停下，他打开柜门对我说，这些就是 H. Smith 标本的副份标本。接着又说，可以送一份给中科院植物所。对于他赠送标本，我完全没有想到，听后一方面感到突然，一方面大喜过望，马上连声表示感谢。因此，在此工作的第一周，就是挑出副份标本，共有 3 400 多份。Moberg 馆长十分友好，将这些标本装入 10 余箱，于当年的 11 月就寄到我们所的标本馆。接下来，我了解到 H. Smith 采的标本中，紫草科标本尚未鉴定，就进行这一科的研究。在第二周里，我鉴定完毕，并发现了分布四川松潘的附地菜属一新种，命名为 *Trigonotis smithii* W. T. Wang。

到了 9 月下旬，乌普萨拉大学植物系统所的 M. Thulin 博士等 5 位研究人员，到乌普萨拉东北部海滨考察，邀我同去。波罗的海之滨，海水平静，像一个大湖，到处是芦苇 *Phragmites communis* 群落，在海岸林边草地上有梅花草 *Parnassia palustris*，藜 *Chenopodium album*，铃兰 *Convallaria majalis*，这些植物在北京低山或平原都有分布。海边杂木林中树种不多，其中最高大的树是木樨科梣属（*Fraxinus*）的一个种，Thulin 说这片森林年龄才一万余年。

第二年 6 月，我在访问西欧三国之后，依旧回到瑞典女儿家，她留我住到 9 月。在 8 月中旬暑假中，Thulin 博士和其他 9 位同事到瑞典中部低山云杉林区考察三天，他邀请了英国自然历史博物馆的 M. G. Gilbert 博士和我一同参加。我们乘车将要到达云杉林区时，当地一位药学博士作为向导也参加进来。每天在林区柏油公路上转，每天可爬三个小山头。瑞典同事和 Gilbert 都带着瑞典植物检索表和笔记本，随时观察、随时记录。12

人中，只有我一人采集标本，到晚饭后，我整理标本，Thulin 等先生给我帮忙，所有标本他们都给鉴定出学名。这一带云杉属树种，以及桦木科、杨柳科树种，灌木的茶藨属 *Ribes* 都是欧洲的种类，但蔷薇科悬钩子属 *Rubus* 中的北悬钩子 *R. arcticus*，覆盆子 *R. idaeus*，杜鹃花科的越橘属 *Vaccinium* 的越橘 *V. vitis-idaea*，笃斯越橘 *V. uliginosum* 也分布于西伯利亚和我国东北，这说明北欧植物区系与亚洲北部的植物区系有极密切的亲缘关系。由此也说明，俄国植物地理学家 E. V. Wulff 在他的巨著《历史植物地理学》的世界植物区系区划中，将欧洲—西伯利亚区作为 14 个区中的一区是有道理的。

三天考察结束，在返程中，出了云杉区来到了那位药学博士在公路边的住宅，大家随他一起下车，参观他的小植物园。园子不大，但栽培的种类却不少，且正是百花齐放的时候，五彩缤纷，很是美丽。在他小楼大门两侧，各有一列各种颜色的欧洲毛茛科高翠雀花 *Delphinium elatum* 的几个品种，植株高近 2 米，在东侧一列高约 1.8 米的植物中，有一株是我国云南、四川特产的开紫花的偏翅唐松草 *Thalictrum delavayi*，这位博士不认识这种植物，我便将拉丁学名写给他。这次考察，到了约 9 个小山头，从瑞典专家那儿认识了不少瑞典植物，对瑞典植物区系有了初步了解，收获甚为丰富。此外，我还有机会欣赏到斯堪的纳维亚半岛的美丽风光，了解到瑞典山区农民的幸福生活，这是我另一种收获。这次考察是我今生植物学研究生涯中的最后一次野外考察。

# 访问西欧三国

11 月 7 日在乌普萨拉大学植物博物馆工作期满，王卉留我住一年。她又为我联系了斯德哥尔摩的显花植物研究所，隆德的隆德大学植物研究所和哥德堡的哥德堡植物园，这样，在 12 月中，我到这三地的植物标本馆研究毛茛科标本，并分别在三地植物标本馆作了题为《东亚植物区系中的一些分布式样和迁移路线》的学术报告。报告根据对毛茛科、紫草科、荨麻科，以及其他 92 科植物的地理分布的分析，区分出 7 种分布式样，以及 3 条源于我国西南部的迁移路线：第一条自西南向东北到达我国东北或西伯利亚，第二条由西南向东到达日本，第三条由西南向西到达喜马拉雅山区。此外并根据我国西南部植物区系的复杂和各条迁移路线自西南一带作辐射状扩展的现象，提出一新论断：云贵高原一带可能是在白垩纪被子植物在赤道地区起源后向北半球扩展到云贵高原时形成的一个重要发展中心。

在第二年 1 月的一天，王卉在当地的报纸上看到旅游广告，到英国伦敦七日游，只需 3 000 克拉，价钱不贵，建议我去旅游。这时，我才了解从乌普萨拉到西欧各地非常方便，这是我以前没有想到的。这时，我又想到，在过去十几年间，我在研究毛茛科等科过程中，遇到问题时，常向英国邱园或爱丁堡植物园借用标本，但向巴黎植物所借标本，却常遇到困难。因此，我对王卉说，我不去伦敦，我想去巴黎，到巴黎植物所看标本。王卉听后说，那也可以，如买一张往西欧旅游的火车月票，大约也只需 3 000 克拉，可在西欧各地旅行。这样，我开始在瑞典申请法国、英国、德国这三国的签证，为此等了三个多月的时间，好不容易在 1991 年的 5 月 13 日，三国的签证办理齐全，王卉买了车票，我于第二天 14 日乘火车离开乌普萨拉，第二天上午 9 点多，通过丹麦到了德国汉堡，在这里下车，于下午 4 时换乘另一趟车去巴黎。在此换车之间有 6 个多小时的停留，我便离开车站，虽然没有当地的地图，我探听着路，绕着城走了一大圈，饱览了这个名城的景色。当天下午 4 时离开汉堡，于次日上午到达巴黎，华南植物所胡启明先生热情到车站来接，他正在巴黎植物所进行紫金牛科的研究。

在巴黎植物所标本馆，我想找到根据 A. David 采自四川宝兴的标本发表的毛茛科 *Anemone davidii* Franch. 和 E.E.Maire 采自云南东北部的标本发表的苦苣苔科 *Lysionotus heterophyllus* Franch. 两种模式标本，因为这两种的原始描述与现在鉴定为该两种的标本存在一些特征不相符的情况。但是遗憾得很，没有找到。在模式标本丢失的情况下，有关此二种的界定就会发生问题。再一个我想解决的问题是法国学者 Gagnepain 于 1929 年发表的荨麻科赤车属新种 *Pellionia trchosantha* Gagnep.，此种的一个合模式（syn-type）采自越南北部，另一合模式采自云南东北部。过去我在研究荨麻科标本中未能鉴定出这种，在这里我找到两个合模式，仔细一看，采自越南的合模式的确是赤车属植物，是个新种，但另一采自云南的合模式是我于 1980 年根据数号采自贵州、四川、湖南的标本发表的楼梯草属新种，密齿楼梯草 *Elatostema pycnodontum* W. T. Wang，这个分类学混乱问题的解决，使此种的地理分布增加了云南省。在翻阅其他荨麻科植物标本时，发现了一号采自越南的未定名标本，就是我于 1980 年根据数号云南、广西和贵州标本发表的新种，细尾楼梯草 *Elatostema tenuicaudatum* W. T. Wang，这样，此种的地理分布增加了越南。我还找到毛茛科宝兴侧金盏花 *Adonis davidii* Franch 的模式标本，看到标本才知道我过去在《中国植物志》中将此种与短柱侧金盏花 *Adonis brevistyla* Franch. 相归并是错误的，其叶较大，分裂程度较小而不同，这种标本是 A. David 于 1869 年采自四川宝兴，到现在为止，还未再次采到这个种的标本。

我所使用的是火车月票，价钱虽便宜，但限制了我的工作时间，在一个地方只能安排六七天。在巴黎工作结束后，我于 5 月 22 日到英国北部的爱丁堡皇家植物园，在这里有老朋友，毛茛科专家 L. A. Lauener 先生。他于 1950 年与该园园长 H. R. Fletcher 合作发表了一篇关于云南毛茛科乌头属的文章，在 1960 年他自己又发表了该科银莲花属钝裂银莲花组 *Anemone* Sect. *Himalayicae* 的文章，可能他看到我于 1957 年在《植物分类学报》发表的《中国毛茛科植物小志》一文，便将他的论文抽印本寄给我，这样我们开始互相交换著作。在 1963 年，他发表了一篇关于西藏乌头属的论文，文中描述了 10 余个新种。那时我刚完成中国乌头属的初稿，收到他寄来的该文抽印本，我立即翻阅我的初稿并查阅标本，发现缺乏他所有新种的标本。这时为了完成中国乌头属的任务，我不得不给他写信，向他借用新种模式标本。过了些天，收到他的回信和照片，信中说因为双方单位没有联系，模式标本不能借用，但将所有新种模式照片全部寄来。这次通信后，我们开始了学术上的交流，曾就毛茛科一些属的分类学问题进行过讨论。

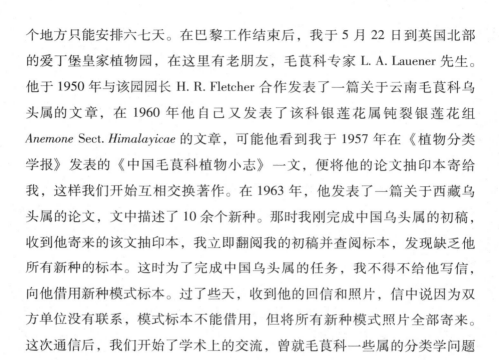

### 植物所就王文采与国外学术交流向中科院联络局的请示函

联络局：

我所分类室助理研究员王文采拟将自己论著的抽印本送给几个国外学者。他的文章均发表在公开发行的《植物学报》和《植物分类学报》上。兹分别报告如下：

一、苏联科学院植物研究院的 I. A. Linczevski 教授。1956 年来我国参加云南综考队工作与王认识，以后有来往，多次给王寄来书刊图片（包括他所主编的《国际植物命名法规》俄译本，他在《苏联植物志》

二十三卷中所著的败酱草科及茜草科的一些属的抽印本，他同别人合著《植物学旅行》、《俄华简明词典》及列宁格勒风景照片等），这次王想回赠他三本有关植物分类学的文章抽印本：1.《关于细叠子草族及后者的一新属——锚刺果属》；2.《中国毛茛科植物小志》（均载《植物分类学报》）；3.《中国毛茛科翠雀属的初步研究》（载《植物学报》）。

二、英国皇家植物园 L. A. Lauener，在 1950 年、1960 年和 1961 年三次发表研究我国毛茛科植物的文章，并曾将其 1960 年发表的一篇文章寄赠给王文采。当时王未回赠，他 1961 年的文章便未寄来了。他的这些文章与王正在编写的中国毛茛科植物志有直接关系。这次王拟回赠二文章的抽印本。1.《中国毛茛科植物小志》，2.《中国毛茛科翠雀属的初步研究》，并向其索取……

三、美国的一位形态学家 A. S. Foster 在 1959 年发表了一篇关于分布于我国的毛茛科独叶草属叶子形态的文章，且在 1960 年春托北京大学生物系主任张景钺教授转赠给王，并代转他的歉意：在他的文章里未及引证王在 1957 年发表的有关文章，因他在自己的文章发表后，才发现王的文章。最近他又发表了一篇有关文章，但未寄来。这些文章与王现在编毛茛科植物志有直接关系，为了表示有来有往，拟回赠以下二文章的抽印本：1.《中国毛茛科植物小志》，2.《中国毛茛科翠雀属的初步研究》，并向其索取……

四、印度国立植物园主任 K. N. Kaul 在今年年初新寄来二本小册子，其中包括对毛茛科铁线莲属的研究。为了表示有来有往，准备回赠他二文章的抽印本：1.《云南热带亚热带地区植物区系研究的初步报告 I》（与吴征镒教授联名发表，这次准备回赠 Kaul，曾得到吴的同意），2.《中国毛茛科植物小志》（均发表在《植物分类学报》）。

我们认为可以回赠。当否，请批示。

中国科学院植物研究所（章）

附注：上文曾经生物学部林镕副主任审阅，他的意见亦认为可以回赠。

（植物所档案）

要感谢改革开放所实施的新政策。在 1980 年 5 月初，Lauener 先生随爱丁堡的英中友好访华团来到北京，并来植物所访问，汤佩松所长接待了他们，我带他到标本馆看了一些毛茛科标本。在访问结束时，在植物所大门握手告别，两人同时都说为能首次见面感到高兴。那次见面以后，我需要参考模式问题和查找文献等问题，写信向他提出，他接到信后，总是立即将标本寄来，对我的工作给予了很大支持。这种关系也为同事们知道，大约在 1982—1983 年间，我们分类室汤彦承先生想参考由法国学者 H. Léveillé 描述的一个旌节花属 *Stachyurus* 新种的模式标本（上世纪初，数位在贵州的法国传教士于当地采集的大量标本，归法国传教士 Léveillé 研究，Léveillé 过世后，这些标本被爱丁堡植物园购得），托我向 Lauener 要一张照片。我发出信约 20 天后，模式标本的胶卷底片就寄来了，汤先生拿到底片时，连声说道"真快"。又过了不久，我收到华南农业大学的夹竹桃科和萝藦科专家蒋英先生来信，说他知道我与 Lauener 先生熟悉，他正在承担《中国植物志》大戟科的编写任务，需要 Léveillé 研究过的贵州大戟科全部植物标本的照片，作为编志的重要参考资料，希望我给予协助。我给 Lauener 的信发出后大约经过一个月，100 多张贵州大戟科植物标本照片的胶卷底片就寄来了，我收到后立即将底片寄给蒋老。蒋老收到后非常高兴，他在回信中说我为大戟科志的编写立了一大功。其实，是遇到了 Lauener 这位善良、乐于助人的学者。蒋老后来告诉我，用那批胶卷的底片，华南农业大学冲洗了一套照片，又转给华南植物所标本馆，也冲洗了一套。Lauener 先生 1985 年再次来北京，到植物所访问，这次是我和李振宇、傅德志、李良千一同接待了他。Lauener 从 1960 年起到 1988 年左右，整理了 Léveillé 研究过的双子叶植物全部标本，进行了深入的修订，发表了一系列文章，澄清了不少分类学问题，在此项工作中，他与我国不少专家进行过联系，也成了一位研究中国植物区系的专家。当我在 1991年初，决定去法、英、德三国游览后，曾写信给 Lauener，在他回信中，得知他的胰腺不幸患病，动了手术。他的家在乡间，距离爱丁堡约四五十

1995年9月，英国爱丁堡植物园毛茛科专家 L. A. Lauener 先生来中国访问，王文采（左2）和他的三位学生李振宇（左1）、傅德志（右2）、李良千（右1）陪同他参观北京植物园

里，在 1991 年 5 月下旬，我到爱丁堡植物园工作的第二天，该园的唇形科专家 I. C. Hedge 先生驾车带我和该园的苦苣苔科专家 B. L. Burtt 先生一同去 Lauener 家看望他。进大门后，看到他坐在屋门前，身体衰弱，说话无力，声音很小。其屋前小园种了一些灌木花卉，其中有两株牡丹。在书房中，看到书架上英文书籍中也有十几本《中国植物志》等中文书籍。我们谈了一会儿，在难过的气氛中向他告别，这是我最后一次见到 Lauener 先生。我返回乌普萨拉后，收到他的夫人的信，得知他已于我走后的 6 月 8 日辞世。仁者故去，令人倍感悲痛。

爱丁堡植物园的 B. L. Burtt 先生，曾对我国苦苣苔科作过深入研究，发表过不少论文，在上世纪 70 年代我开始此科的研究后，曾得到他不少帮助。这位先生在 2004 年度过 90 大寿，今年已是 93 岁高龄了。1990 年由我主编的包括苦苣苔科在内的《中国植物志》第六十九卷出版，第二年 Burtt 看到，就来信表示衷心祝贺，并提出将苦苣苔科的分属检索表和各属的分种检索表译成英文。我将英译的检索表寄给他以后，很快在爱丁堡植物园学报上发表，这使得国际植物学界能更好地了解我国丰富、复杂的苦苣苔科植物区系。在第六十九卷中，记载我国此科植物 56 属，416 种。

我这次在爱丁堡植物园看了一些毛茛科标本，在看到 1902 年发表的 *Clematis vitalba* L. var. argentilucida Lévl. & Van. 的模式标本（这份标本是由法国传教士 E. M. Bodinier 采自贵州贵阳）后，认识到铁线莲属中的一个分类学混淆。这个模式标本具三出复叶和具多花的圆锥花序，应是钝齿铁线莲，而过去一直应用的拉丁学名是 *Clematis apiifolia* DC. var. obtusidentata Rehd. & Wils. 发表在 1913 年，由于时间在后，依据命名法规，应作为异名处理。同时，上述的 var. argentilucida 误置于产自欧洲的 *Clematis vitalba* 之下，应该转入分布于东亚的 *Clematis apiifolia* DC. 之下，作为后者的变种。因此，我在 1993 年依据命名法规的规定，做出了新的组合 *Clematis apiifolia DC.* var. argenitlucida（Rehd. & Van.）W. T. Wang，这个拉丁名才是钝齿铁线莲的合法拉丁学名。在上世纪 20—30 年代，美国学者 A. Rehder 和奥地利学者 H. Handel-Mazzetti 先后均将上述的 *Clematis vitalba* L. var. *argenitlucida* Lévl. & Van. 误认为是粗齿铁线莲 *Clematis grandidentata*，以后我在 1957 年，澳大利亚学者 H. Eichler 在 1958 年均根据上述错误鉴定，在不同的学报中，将上述的 var. *argentilucida* 升到种级，作为粗齿铁线莲的拉丁学名，因而对粗齿铁线莲和钝齿铁线莲的拉丁学名正确命名继续造成混淆。这些混淆，直到看到有关模式标本，进行认真研究之后，才得到了澄清。

5 月 27 日，我离开爱丁堡南下到了位于伦敦西南的英国皇家植物园（邱园），在这里的标本馆里主要研究了毛茛科侧金盏花属 *Adonis* 植物标本。此前，在瑞典四个标本馆和巴黎植物所标本馆已看过此属的全部标本。此属有 30 种，分布于亚欧大陆。在邱园看完全部标本后，我写出《侧金盏花修订》一文，发表在 1994 年出版的《植物研究》上，文中指出了此属的一些演化趋势，并据此确定以特产尼泊尔的 *Adonis nepalensis* 为代表的 Sect. *Leiocarpa* 是这属的原始群。

6 月 8 日，我由伦敦乘车过海峡，经过巴黎北行来到德国柏林植物所，在这里收获不大。该所 P. Hiepko 博士告诉我，在第二次世界大战中，该所的 U 字形大楼被炸去一半，其中包括毛茛科标本。所以上世纪初，该所专家 F. L. E. Diels 和 E. Ulbrich 发表的中国毛茛科新种的模式标本已不复存在。由此，可以想见，A. Engler 主编的两部巨著 *Die natürlichen Pflanzenfamilien* 和 *Das Pflanzenreich* 所根据的大部分植物标本遭到了毁坏，这是二战给植物分类学造成的巨大损失。因为珍贵标本受到损毁，是无法得到补

王文采参观柏林植物园留影

救的，何况其中还包括一些后来灭绝了的种类。在这里的标本馆，我只看了少数标本后，再到他的图书馆查阅文献，这样工作了两天，于 6 月 12 日离开柏林，西行经过汉堡，过丹麦，回到瑞典。

在这短短的一个月中，我访问了 6 个著名标本馆。去邱园时，我还到伦敦市内，访问了英国自然历史博物馆的植物标本馆和林奈学会的林奈植物标本馆。在研究之余，我还参观了著名的英国皇家植物园、爱丁堡植物园、柏林植物园和巴黎植物园，使我大开眼界，增长了知识。

## 关于拉丁文在分类学上的使用

我在乌普萨拉的后来的几个月中，也常到乌普萨拉大学植物所图书馆借阅一些学报和书籍。一天，翻阅 1931 年出版的美国学报 *Rhodora* 第 33

卷，其中有该刊编委会的一个声明 *Editorial Announcement*。我们知道《国际植物命名法规》规定新分类群的发表，须伴有拉丁文描述。在此项声明中，介绍了这个规定产生的经过：1905 年，在维也纳召开的第三次国际植物学会会议上，有人提出新分类群的形态描述用不同文字，这样就产生要学习不同文字的困难，为解决此问题，提出一律用拉丁文的建议。当时与会的分类学家有约 200 人，包括德国的 A. Engler、H. Hallier、F. K. G. Fedde、H. Harms，美国的 N. L. Britton、B. L. Robinson，法国的 Gillot、Parrot，瑞士的 J. I. Briquet，奥地利的 A. von Hayek 等。表决结果：赞成 105 票，反对 88 票，以微弱多数通过。但此后，用拉丁文描述的规定并没有得到广泛的接受。因此，这个问题又拿到 1930 年在英国剑桥召开的第五次大会上，再进行讨论。这次会议有 400 多人参加，包括英国的 J. Hutchinson、D. Prain、A. B. Rendle、T. A. Spraque、O. Stapf、W. W. Smith、W. Q. Craib，德国的 F. L. E. Diels、H. Harms、C. K. Schneider，法国的 F. Gagnepain、A. Guillaumain、E. E. Maire，瑞士的 J. I. Briquet，奥地利的 H. Handel-Mazzetti、E. Janchen，丹麦的 C. Christensen，美国的 A. Rehder、E. D. Merrill 及我国的陈焕镛，等等。投票结果：赞成 371 票，反对 24 票，以压倒多数通过，并决定在《维也纳法规》的第 36 条规定，从 1935 年 1 月 1 日起，发表新分类群须伴有拉丁文的描述。在 *Rhodora* 的声明中，表示接受这一新规定，并声明：自 1932 年 1 月 1 日起，向该刊投稿，发表新分类群名称必须伴有拉丁文特征集要。由这项声明，我了解到用拉丁文描述的规定经过 30 年的时间，方才正式确定下来。

在国际植物学界，使用同一种文字描述新分类群，这样给不同国度的分类学工作者阅读带来方便，有利于学术交流，对研究工作起到了促进作用。但是，大约在上世纪 80 年代以来，不少欧美学报对新分类群的描述改用英文，在韩国有的学者则改用朝鲜文，法国有的学者改用法文，哥伦比亚有的学者改用西班牙文。这样，出现了不少与 1935 年以前相似的混乱局面。去年秋，我看到新出版的 2004 年修订的《维也纳法规》，第 36 条关于新分类群描述仍然规定须伴有拉丁文特征集要，其辅则仍然规定须给出完整的拉丁文描述。20 多年来，第 36 条一直没有改变，同时用各种文字描述新种的情况也未改变，这种不协调的局面，不知何时才告结束。

# 当选院士

在 1993 年 3 月的一个星期一，植物所召集研究人员开会，讨论推荐植物所院士候选人，决定推举我为候选人之一。第二天星期二是我来所上班的时间，我一到办公室，洪德元院士便将这个情况告诉我，并热心地帮我填写推荐书。推荐我为候选人的情况来得突然，我不知如何对待。记得在 40 多年前，大约在 1960 年，分类室的郑斯绪先生自苏联学成归国，一天他来我办公室看我，讲了一些他在柯马洛夫植物所进修的情况，他的导师是 B. K. Schischkin，小老师是 V. I. Grubov，他还拿出 Grubov 青年时代从军的照片给我看，一身戎装，英俊非常，与我在 2001 年见到的，已是古稀之年的老教授 Grubov 大不相同。那时，我正在进行毛茛科志的编写工作，郑斯绪翻看几张标本，突然说了一句，"文采将来是院士"，当时，我完全没有细想什么是院士。

到了 11 月份，中科院公布院士选举结果，我当选了，我感到高兴。但以后不久植物所人事处负责管理退休人员的刘同志对我说："以后我们就不管您的事了。"因此，我从离休干部又变回在职人员，对要告别那几年惬意的离休生活，我感到遗憾。《植物分类学报》编辑部的汪桂芳先生也来找我说："您当了院士，不退休了，请再来当编委吧。"这样，我又不得不再当了几年编委。

当了院士后，1994年参加了院士大会。再过一年，就是选举院士工作。这样逐年循环往复，工作不算多，主要是选举工作，这与植物所的学术委员会评审提职相似，对与自己不同学科的候选人审定，很难作出判断，这时，只好注意聆听有关相同学科的院士的发言，根据他们的意见来投自己的票。

## 铁线莲属研究之一：国外访学

在1994年、1995年的时候，植物所在经济上陷入困境。1995年冬季的某一天，李良千来找我，谈到没有经费，工作难于开展，提出向自然科学基金委员会申请一个课题。我表示同意，并提出毛茛科的6个大属中选出一个作为申请题目。李良千听后，提出铁线莲属 *Clematis*。我一听，正合我意，当即表示赞同。铁线莲属约有350种，广布于世界各大洲，此属的不少种如转子莲 *C. patens*，毛叶铁线莲 *C. lanuginosa*，甘青铁线莲 *C. tangutica*，是著名的观赏植物，也有不少药用植物。19世纪有德国学者K. Prantl，上世纪有日本学者田村道夫（M. Tamura）都对此属有过深入的研究，他们都认为此属中萼片直立，雄蕊有毛的群是原始群。前面我已经谈过，1988年我在湖南师范大学植物标本馆，看到采自湖南华容的湖州铁线莲 *Clematis huchouensis* 标本，注意到此种的萼片是向上方开展的，后来查阅了有关文献，了解到毛茛科多数属的萼片是水平开展，雄蕊是无毛的，那时，我已看到 Prantl 和田村道夫所认为的原始群实际上是进化群，至于此属的原始群应该是哪一个，这就需要对整个属进行研究，所以，李良千选择并提出铁线莲属之后，我马上表示同意。虽然，我那时已年近古稀，但还想再干一回。

进入 1996 年，按英文版《中国植物志》苦苣苔科课题计划，我要到美国与南美苦苣苔科专家 L. E. Skog 博士做定稿工作，同时开始铁线莲属的全面研究。

Skog 博士是我的老朋友。我在 1972—1973 年，为编写《中国高等植物图鉴》苦苣苔科，整理了植物所标本馆所藏此科的标本，发现了一些新种，为此在 1975 年发表了三篇文章。以后，我又承担了《中国植物志》此科的编写任务，到华南植物所、广西植物所等标本馆又有新发现，又发表了一些文章。这些文章引起了 Skog 的注意，大约在 1978 年他写信给我，征求关于将这些文章译成英文的意见。我当即复信，表示同意。以后，他与他一位懂中文的朋友 H. M. Wetzel 先生，将我在 1975 年发表的三篇文章译成英文，在美国学报 *Phytologia* 上刊登。以后又将我于 1981 年发表的四篇论文的译文作为《纽约植物园论文集》（*Contributions from the New York Botanical Garden*）的一集，于 1986 年出版。我与潘开玉、李振宇合作的中国苦苣苔科志载于《中国植物志》第六十九卷，于 1990 年由科学出版社出版。Skog 看到此卷，当即来信表示祝贺。1993 年夏，*Flora of China* 在北京召开编委会。Skog 是编委，也来北京赴会，我们得以首次会面，都感到高兴。交谈中我了解到他的原籍在瑞典，故乡离乌普萨拉不远，他的祖父于上世纪初来到美国定居。Skog 学识渊博，为人谦和，彬彬有礼，和我在瑞典见到的多数学者相似。这次会晤，商得 Skog 也加入 *Flora of China* 苦苣苔科的编写，并约定 1996 年，我去美国史密桑研究院与他共同完成定稿工作。

1996年4月，我到了华盛顿，在史密桑研究院植物所标本馆再次见到 Skog 博士，分外高兴，参加工作的还有他的助手 A. L. Weitzman 博士。在标本馆，他为我安排了工作桌位，使我吃惊的是，他打开桌旁的两个标本柜，里面摆放的是他最近刚从美国不少标本馆，及英、法等国不少标本馆借来的大量中国苦苣苔科标本，其中有不少是我未曾看过的模式标本。这表明了 Skog 博士对英文版苦苣苔科编写的高度负责精神，我对他这种精神由衷地钦佩，并连声道谢。后来，在这些借来未曾鉴定的标本中，我发现了唇柱苣苔属 Chirita 广西2新种，云南1新种，长蒴苣苔属 Didymocarpus 云南1新种，和接近金盏苣苔属 Isometrum 的1新属，弥勒苣

1996年7月，王文采在美国史密桑研究院植物研究所与该所苦苣苔科专家 L. E. Skog 博士（左）及助手 A. L. Weitzman 博士（右）一同工作

苣属 *Paraisometrum*（*P. milieense* 特产云南弥勒）；此外，Skog 和 Weitzman 发现了四川西部马铃苣苔属 *Oreocharis* 1 新种。在史密桑研究院我与这两位博士一同完成了中国苦苣苔科第二版的定稿工作。

史密桑研究院植物标本馆有 500 多万份标本，可能是美国最大的植物标本馆。后来我又到密苏里植物园、哈佛大学。在这三个标本馆，我看了他们收藏的全部中国翠雀属 *Delphinium* 标本和全部铁线莲属标本。铁线莲属在这三个标本馆中，以南、北美洲的标本最丰富，其他洲的标本则较少。在密苏里植物园工作时，美国翠雀属专家、英文版 *Flora of China* 该属合作者 M. I. Warnock 博士自得克萨斯来此与我会面，我们一同完成了该属英文版的定稿工作。

在史密桑研究院的一个月中，我曾抽出时间，到纽约植物园工作两

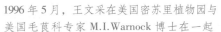

1996 年 5 月，王文采在美国密苏里植物园与美国毛茛科专家 M.I.Warnock 博士在一起

1996年6月,王文采到美国哈佛大学植物标本馆短期工作,与该馆胡秀英博士(右2)、E. Wood博士(左1)、A. R. Brach博士(右1)合影

天。在这里我只能看一些中国毛茛科植物标本,看到了根据 E. E. Maire 采自云南东川的一份标本,于 1913 年发表的唐松草属新种 *Thalictrum pumilum* Ulbr. 的等模式。1979 年我在编写《中国植物志》唐松草属时,没有见到模式标本,所以没有收入此种。这次在纽约植物园看到等模式,是一个收获。可惜在那里工作时间有限,没有作仔细的研究。

7 月,在美国工作结束,我取道欧洲回国,再到瑞典乌普萨拉我女儿王卉处,又访问了乌普萨拉大学植物博物馆,用了一个多月的时间,研究了其全部铁线莲属标本。9 月初,我离开瑞典回到北京。

在离开上述美国三个标本馆和乌普萨拉大学标本馆时,我都向他们借用了不少铁线莲属标本,这些标本馆均给予热心支持,所借标本于当年冬天先后寄到北京。从这时起，我的全部精力都投入到铁线莲属的修订工作中。由于已进入古稀之年，精力逐渐衰退，在工作方面只能单打一了，这样才有可能使工作不犯错误或少犯错误。

在 1997 年、1998 年两年里，我进行铁线莲属文献的收集、标本鉴定和描述工作。在工作中发现了一些分类学问题，还发现了几个新种。就这些方面的问题，写了 5 篇题为《铁线莲属研究随记》的文章，先后在 2000—2001 年的《植物分类学报》上发表。

考虑到在美国三个标本馆里，看到了全部铁线莲属的标本的 75%～80% 的种，为了作更全面了解，还应该争取到欧洲英国邱园、巴黎、圣彼得堡和日内瓦的几个大标本馆去看更多的标本。这样，在 1999 年初，作出国的准备。4 月，我来到邱园标本馆，工作一个半月，6 月中旬到了巴黎植物所标本馆工作 1 个月。这两处是旧地重游，两个标本馆都各有约

1999 年 5 月，王文采访问英国邱园植物标本馆，与该馆原馆长、木樨科专家 P.S.Green 博士合影

700 万号标本，铁线莲属标本也很丰富，我估计合起来可达 90%，或更多。只是南、北美洲的标本要比美国的标本馆少一些。7 月下旬在巴黎工作结束后，我又来到斯德哥尔摩我女儿处，在这里的瑞典植物所工作了一个多月后，返回北京。

这样，到 1999 年，我已看到了铁线莲属几乎全部种的标本。我参考 Prantl 和田村道夫等铁线莲属专家的工作，把全部 300 多种划分为 15 个组，其中的 1 个单型组，互叶铁线莲组 Sect. *Archiclematis* 很是独

1999 年 6 月，王文采访问英国自然历史博物馆的植物标本馆，与英文版中国毛茛科毛茛属志合作者 M. G. Gilbert 博士合影

特。日本北村四郎和田村道夫于 1954 年根据采自尼泊尔北部的一标本发表的新种互叶铁线莲 *Clematis altenata* Kitamura & Tamura，此种后来也在我国西藏南部有发现。第二年 1955 年，田村根据此种建立铁线莲属一新组 Sect. *Archiclematis*，过了 12 年，到了 1967 年，田村又将此组提升到属的等级。

在铁线莲属，过去发表过的所有种的叶，均是对生，互叶铁线莲的卵形，掌状浅裂的单叶在茎上互生，这的确是原始的现象，但是其由 1～3 朵花组成的聚伞花序下垂，萼片直立，呈红紫色，雄蕊花丝被毛。这些特

征与铁线莲属尾叶铁线莲组的单叶铁线莲 *Clematis henryi*、尾叶铁线莲 *Clematis urophylla* 等植物的花的构造相似，是进化特征。这种原始特征与进化特征在一种植物同时出现的情况（heterobathmy，祖衍征并存现象），在被子植物中较为常见。例如，木兰科的花各部成员，螺旋排列，雄蕊的花丝、花药分化不明显，花丝具单萌发孔，果实为蓇葖果等为原始特征，但其木质部导管有时具单穿孔，则为进化特征。又如水青树 *Tetracentron sinense*，其木质部似裸子植物，无导管，是原始特征，而其花粉具三沟，则是进化特征。在铁线莲属中，出现具互生原始叶序和进化花构造的互叶铁线莲，对此，我不能解释，但鉴于其花构造与单叶铁线莲等的花构造完全相同，我赞同瑞典铁线莲属专家 M. Johnson 的意见，仍承认 Sect. *Archiclematis*，而不接受升格为属级的处理。像单叶铁线莲、互叶铁线莲的具直立萼片和被毛雄蕊的花构造，一如前述，我在 1989 年已明确这些特征是进化特征，现在的问题是铁线莲属的原始群应是哪一个组。根据对上述进化特征的认识，原始群自然应当从具开展萼片、无毛雄蕊的组中去找。这时，我又想到，在毛茛科中与铁线莲属相近而又比其原始的群乃是银莲花属，这属植物在我国相当丰富，其原始群西南银莲花组 Sect. *Anemonanthea* 在我国也有不少种，如西南银莲花 *Anemone davidii*，糙叶银莲花 *A. scabriuscula*，三出银莲花 *A. griffithii.*，应该从铁线莲属植物中与这些银莲花植物相似的种中去寻找。这样，我发现绣球藤组 Sect. *Cheiropsis* 的短梗铁线莲 *Clematis brevipes*，美花铁线莲 *C. potaninii*，绣球藤 *C. montana*，薄叶铁线莲 *C. gracilifolia*，丽叶铁线莲 *C. venusta*，金毛铁线莲 *C. chrysocoma* 等种的花构造与上述银莲花植物的花构造相似：花两性；萼片 4，白色，稀粉红色，平展，倒卵形；雄蕊无毛，花丝狭条形，花药长圆形或狭长圆形，药隔顶端不突出。我进一步观察铁线莲属其他 14 个组植物的花构造之后，看到了此属植物在花构造方面的一些重要演化趋势：花从两性到单性；萼片从白色到蓝色、红紫色，从平展、斜上展到直上展，从倒卵形到倒披针形、长圆形、条形；雄蕊从无毛到花丝有毛或花丝和花药均有毛，花丝狭条形到宽条形或狭倒披针形；花药从长圆形到狭长圆形或条形，药隔顶端从不突起到稍突起，以至强烈突起；退化雄蕊从不存在到存在。从我观察到的铁线莲属在长期演化过程中形成的这些演化趋势，我确信上述绣球藤属等6个种（其中5个特产我国西南山区，只1种由我国西南部山区向东经过华中和华东的高山分布达我国台湾岛，向西经过喜马拉雅山，分布达克什米尔），是现存300多种铁线莲属植物中的原始种类。

我再进一步根据花构造的相似程度，根据这些重要演化趋势，将15个组划分为4大群：第一大群包括绣球藤组 Sect. *Cheiropsis* 1 组；第二大群包括 10 组：威灵仙组 Sect. *Clematis*，单性铁线莲组 Sect. *Aspidanthera*，对枝铁线莲组 Sect. *Brachiatae*，苘芹铁线莲组 Sect. *Pseudanemone*，黄花铁线莲组 Sect. *Meclatis*，灌木铁线莲组 Sect. *Fruticella*，菝葜叶铁线莲组 Sect. *Naraveliopsis*，翅果铁线莲组 Sect. *Pterocarpa*，铁线莲组 Sect. *Viticella*，大叶铁线莲组 Sect. *Tubulosae*；第三大群包括尾叶铁线莲组 Sect. *Viorna* 和互叶铁线莲组 Sect. *Archiclematis* 2 个组；第四大群包括拟长瓣铁线莲组 Sect. *Atragenopsis* 和长瓣铁线莲组 Sect. *Atrgene*。这 4 个大群代表了铁线莲属的 4 个演化干，在分类学中被处理为 4 个亚属。上述的铁线莲属新分类系统于 2005 年在《植物分类学报》上发表。从 2001 年起，我开始按照新系统各个组的次序，撰写各组的分类学修订，这一年完成了第一个组，绣球藤组的修订。到现在我又完成了 12 个组的修订。

　　2001 年 6 月初，我与张志耘、李良千两位先生到俄国圣彼得堡的柯马洛夫植物所著名的标本馆短期工作，研究了该馆收藏的全部铁线莲属标本。在该所，我们拜望了 V. I. Grubov 教授，那年他已是 84 岁，今年应是 90 高龄了。在他的办公室挂有著名采集家 N. N. Przewalski 的照片，这位采集家从 1871 年到 1885 年曾 4 次率领不少人马到我国青藏高原，内蒙古等地，采走大量动植物标本和矿石标本。著名分类学家 C. J. Maximowicz 根据这些标本发表了大量新种和不少新属。上世纪 50 年代，我们分类室的汤彦承、郑斯绪两先生在这里进修时，曾从这批标本中挑出不少等模式标本带回中国，现在存于植物所标本馆。在《中国植物志》各卷编写过程中，这些标本发挥了重要作用。6 月下旬，我们离开这里，来到莫斯科，参观了著名的莫斯科植物园和莫斯科大学的植物标本馆。

2001年6月，王文采（左）与李良千（右）与俄国柯马洛夫植物研究所毛茛科专家 A.E.Grabovskaya 博士在该所大楼前合影

　　张、李两先生由莫斯科回国，我则从这里到瑞士美丽名城日内瓦。在日内瓦植物所的著名标本馆工作了约一个月，研究了该馆全部铁线莲属标本，又看到了不少模式标本。日内瓦是 19 世纪著名植物分类学家 A. P. de Candolle 的故乡。一个假日，标本馆主任 F. Jacquemoud 博士热心地带我到日内瓦旧城参观，到了 de Candolle 的故居。在我于 7 月底将离开日内瓦返国的前一天，他又带我访问了他们研究所的图书馆，在那里，该馆一位先生出示了一部 1640 年印制的大开本的《植物图谱》，了解到那时的植物科

2001 年 7 月 7 日，王文采与日内瓦植物所标本馆主任 F.Jacquemoud 博士，在瑞士 19 世纪著名植物分类学家 A.P.de Candolle 故居前留影

学绘图已达到较高水平。在地下室，那位先生又拿出 de Candolle 主编的 19 世纪当时世界植物志的手稿，书名是 *Prodromus Systematis Naturalis Regni Vegetabilis*，该书共有 17 卷，第 1 卷出版于 1824 年。看到了 de Candolle 写得端正秀丽的拉丁文钢笔字。随后又拿出林奈写给友人的一封信，我没有想到在这里能有机会看到这两位近代植物分类学奠基人的手书真迹，颇为激动。

## 铁线莲属研究之二：国内访学

2001 年冬，我生了一场较重的病，以后无力乘坐长途飞机，没想到那年俄国和瑞士之行，竟是我最后一次出国。但在国内作短途旅行，身体尚无大碍，为了再多看些铁线莲标本，我先后到了国内 4 个标本馆。

我在 2002 年、2003 年、2004 年三年间，先后访问了西北植物所、天津自然博物馆、华南植物所和江苏植物所等 4 个标本馆，也看了不少标本，而且有不少收获。例如在西北植物所看到了短梗铁线莲 *Clematis brevipes* 的一号标本。在前面我已介绍过这个种是现存铁线莲属植物中的原始种之一，在 1925 年由美国采集家 J. F. Rock 在甘肃南部发现，于 1928 年由美国学者 A. Rehder 描述发表，它的主模式标本（holotype）藏在哈佛大学标本馆，4 份等模式标本（isotypes）分别藏在爱丁堡植物园、邱园、巴黎植物所和斯德哥尔摩植物所的 4 个标本馆中。西北植物所此种的一号开花标本是由我国著名采集家王作宾先生于 1972 年 4 月在甘肃文县碧口镇海拔 850 米的一个山谷中发现的。在到西北植物所之前，我只看到上述 5 份模式标本。再如，大叶铁线莲组 Sect. *Tubulosae* 的原始种之一，羽叶

铁线莲 *Clematis pinnata*，原知分布于河北西部和北京一带山区，但在 2003 年访问天津自然博物馆时，看到一号由法国采集家 E. Licent 于 1929 年 8 月在黑龙江哈尔滨采到的此种标本。在 2004 年访问江苏植物所时，看到另一号由日本学者矢部吉祯（Y. Yabe）于 1909 年 8 月在辽宁沈阳采的此种标本。这样才了解到羽叶铁线莲自黑龙江南部自北向南的星散分布式样，也认识到上述黑龙江和辽宁两号标本代表了冰期后羽叶铁线莲的两个滞留在这两省的子遗种群。再如，在华南植物所看到了粗柄铁线莲 *Clematis crassipes* 的多份模式标本，我才知道我发表的变种 *C. crassipes* var. pubipes 是错误的，应该归并。

从上述三例，我进一步体会到进行分类学研究，要千方百计地多看标本，包括各有关拉丁学名的模式标本，看得不充分或根本未看，那就可能产生错误。此外，在人力物力条件具备时，还应当到野外进行居群的观察。

由于我不能出国看标本，自然影响到我的铁线莲属研究工作。到 2006 年秋，我完成了铁线莲组 Sect. *Viticella* 和大叶铁线莲组 Sect. *Tubulosae* 2 组的修订后，以后的工作就无法进行了。这样，我的铁线莲属研究就此告一段落。同时，我的植物分类学研究生涯也到此画

2002 年 5 月，王文采在陕西西北植物研究所标本馆

上了句号。

在 2004 年到 2005 年间，我在进行上述 2 组的修订时，发现了每组各一个我长期未注意到的问题：在铁线莲组就是铁线莲 *Clematis florida* Thunb. 在中国是否分布的问题。这个"种"是瑞典学者 C. P. Thunberg 于 1784 年首次根据他在日本采得的一栽培植物标本描述的，英国学者 A. Henry 于 1902 年首次报道 *C. florida* 分布于我国湖北西部，1939 年 H. Handel-Mazzetti 指出此为错误鉴定，实际是一个新种 *C. longistyla* Hand. -Mazz. 。1925 年，法国学者 F. Courtois 报道了 *C. florida* 在华东的分布，Handel-Mazzetti 也在 1939 年证明其根据的标本也代表了一新种大花铁线莲 *C. courtoisii* Hand. -Mazz. 。1927 年，A. Rehder 继续报道 *C. florida* 在中国的分布，我在国外标本馆看到他所鉴定的秦仁昌先生采自安徽的两号标本，其中 2731 号是上述的 *C. courtosii*，另 2707 号乃是短柱铁线莲 *C. cadmia* Buch. -Ham. ex Hook. f. & Thoms。1931 年和 1939 年，Handel-Mazzetti 也报道了 *C. florida* 在中国的分布。我在 2004 年看到他鉴定为此种的标本是他自己采自湖南西南部的 11957 和 11997 两号标本，当时，我与从巴黎植物所等标本馆收藏的采自日本的 *C. florida* 标本相比较，立即看到这两号标本的不同特征：其叶、花均较小，雌蕊花柱被较短柔毛，受精后花柱稍微增长，疏被开展的短柔毛，更独特的是花柱顶端有一扁头形柱头。这个特征不但在铁线莲组，就是在铁线莲属也是唯一的情况。在铁线莲属的其他种，花柱呈细钻形，顶端稍膨大呈细棒状。从这些区别特征，我了解到 Handel-Mazzetti 的这个报道也是根据错误的鉴定做出来的，他的两号标本以及我所观察过的几号广西北部同一种标本，实乃代表了一新种，我命名为湘桂铁线莲 *Clematis xiangguiensis*。经我研究了国内外各标本馆收藏的铁线莲属的全部标本之后，可以确定 *C. florida* 是一个很早以前在日本培育出来的栽培种，在我国并无野生居群存在。至于 *C. florida* 的来源，至今尚不清楚，考虑到与铁线莲 *C. florida* 同一群的 5 个种，有 4 个为中国东部和中部的特有种，1 个短柱铁线莲分布自华东向西经云南、缅甸到达印度东北部，*C. florida* 的亲本植物可能存在于这 4 个中国特有种之中。

另一个我长期未注意的问题是大叶铁线莲组中的卷萼铁线莲 *Clematis tubulosa* Turcz.，长期被归并于大叶铁线莲 *C. heracleifolia* DC. 的问题。*C. heracleifolia* 是由 A. P. de Candolle 于 1818 年根据英国外交官 G. L. Staunton 随英国外交使团于 1793 年往承德晋谒乾隆皇帝时，在承德一带采到的一份标本描述的，其特征是花的 4 枚萼片呈条状倒卵形，近顶部在花开放后不强烈展宽，花粉具三沟，花梗较细长，密被短柔毛。另一近缘种 *C. tubulosa*，则由俄国学者 N. S. Turczaninow 于 1837 年根据俄国采集家 P. Kirilow 在 1830 年左右在北京低山地区采集的一份标本描述，此种与大叶铁线莲颇为相似，但有重要区别：花的 4 枚萼片在花开放后其上部强烈展宽呈椭圆形，下部维持条形，呈爪状，花粉具散孔，花梗短，粗壮，密被短绒毛。由上述特征，可见二种本来容易区别，是明显两个不同的种。但是在 *C. tubulosa* 发表后，俄国学者 C. J. Maximowicz 于 1877 年怀疑这二种可能是同一个种。以后，英国学者 F. B. Forbes 于 1884 年，他与 W. B. Hemsley 于 1886 年，俄国学者 V. L. Komarov 于 1903 年，美国学者 A. Rehder 和 E. B. Wilson 于 1913 年，奥地利学者 H. Handel-Mazzetti 于 1939 年都相继将 *C. tubulosa* 归并于 *C. heracleifolia*。在 1937 年，日本学者北川政夫（M. Kitagawa）对大叶铁线莲群作了深入的研究，明确指出大叶铁线莲和卷萼铁线莲是两个区分明显的种，但他的正确结论未得到 Handel-Mazzetti 的赞同。我在 2005 年对大叶铁线莲群 6 个种的大量标本进行了仔细研究之后，了解到北川政夫的意见是正确的。但在此前的 1972 年，我在《中国高等植物图鉴》第一册的毛茛科部分接受了 Handel-Mazzetti 的将 *C. tubulosa* 归并于 *C. heracleifolia* 的错误分类学处理。此书出版后，对华北各省植物志产生了不好的影响，在这些省的植物志中，也将 *C. tubulosa* 归并于 *C. heracleifolia*。

由上述这两个例子，可以说明在分类学中错误的处理经常发生，所以，有关科、属等各方面的修订工作也跟着需要经常地进行，这样，才能将各种各样的混淆加以澄清。

## 回顾中国植物分类学

前面我已介绍了秉志先生在 1949 年时，在师范大学作报告，讲过生物学的发展有三个阶段。1980 年中国植物学会在广州开扩大理事会，为 1983 年庆祝植物学会成立 50 周年的太原大会作准备。会议邀请了好多老先生参加，我也参加会议，因为我那时候是理事。开会的第一天，理事长汤佩松先生作了重要报告，他说：西方生物学的发展有明显的阶段区别，以形态描述为主的研究工作，属于第一阶段，描述阶段的曲线从高峰下落，逐渐进入实验阶段，实验阶段的曲线升到高峰后，又开始下落，在上世纪 50 年代进入了分子生物学阶段。三个阶段的曲线一个接一个展开，区分明显。但生物学在中国的发展，划分起来就不很明显，因为我们的研究在上世纪 20 年代才开始，落后于西方国家，上述各领域的研究差不多在同时进行，几个曲线近于相互重叠。

中国植物学在调查采集阶段，静生生物调查所要提到蔡希陶、王启无、俞德浚、冯国楣，他们在云南采集；北平研究院要提到王作宾、傅坤俊，他们在西北采集；华南植物所要提到侯宽昭、陈少卿、黄志、曾怀德，他们在华南、海南岛采集。还有一些采集学家，在全国各地采集标本。这是奠基性的工作，没有标本就无法进行研究。中国植物学的描述工作，就是我前面讲到的科属检索表、图说、图鉴、植物志等的编写出版，这些工作，中科院植物所在全国起了一个带头的作用。接下来就是实验方面，也是中科院植物所在带头，洪德元先生创建系统进化实验室，做形态、胚胎、孢粉、分子系统学等方面的研究，并培养了这方面的人才。

1982年8月，中国植物学会常务理事会扩大会议在北京召开，为第二年的中国植物学会50周年年会作准备。图为与会人员合影。前排左起：杨衔晋、王云章、俞德浚、陈封怀、汤佩松、汪振儒、盛诚桂、王伏雄；二排左起王宗训、鲁星、张宏达，二排右起郭本兆、余树勋；三排右起冯晋庸、高谦、吴承顺、王文采、钱迎倩、黎盛臣、郭仲琛、傅立国

植物分类学说的开山鼻祖是瑞典的林奈，在 1753 年出版了《植物种志》，当时，他掌握的世界的标本有 1 万多号。这个种志，包括 7 000 多种，就是当时的世界植物志。1753 年他已经编出世界植物志了。我们在 1915 年，钱崇澍从美国留学回来以后，在大学教授植物学；1922 年胡先骕成立中国科学社生物研究所的植物部，有了标本馆，有了图书馆，我们的分类研究工作才开始起步，落后两三百年。所以如秉老、汤老所说，我们是调查采集、描述、实验，到现在的分子，这四个阶段是在同时进行。

　　现在的调查采集还没有结束。虽然《中国植物志》已完成了，看看《植物分类学报》，《云南植物研究》，《植物研究》，华南植物园、武汉植物园和西北植物所编辑的学报，还不断有新种发表。前年冬天，广西中医药研究所、广西植物所的专家发表了苦苣苔科的两个新属，新种他们也有

2005 年 10 月 31 日，日本毛茛科专家田村道夫教授第三次访问科院植物研究所标本馆，在标本馆与王文采及门生一起留影。
起：谢磊、傅德志、田村道夫、王文采、李良千、覃海宁、袁

几个发表。李振宇也有新种发表。这便说明我们调查采集阶段还没有完成。我们国家幅员辽阔，未曾采集的空白地区还有很多，青藏高原，从热带到黑龙江（漠河冬季零下四五十摄氏度）寒温带，还有沙漠，生态环境复杂，所以种类也多，一时半刻采不完全。所以，我国的植物调查采集工作，还要继续下去，还要付出人力物力。

在2002年以后的三年中，我出差到国内兄弟所访问，看标本，也看到了一些令我不安的情况。在1974年，我为中国毛茛科志的编写第一次访问西北植物所，到该所标本馆看标本，见到了我所敬仰的王作宾、傅坤俊两位老先生，看见他们和其他同事们正在努力地进行《秦岭植物志》数卷的编写，可以说是热火朝天，气氛既紧张又热烈。这次时隔30年，在2002年5月，我第二次去访问，王作宾、张珍万两先生已于多年前过世，傅老已进入耄耋之年，研究所也已改隶当地的农林大学，研究人员和经费都比以前减少了，情况发生了不小的变化。

2004年秋，我访问江苏植物所，看到了与西北植物所相似的情况。该所前身为解放前的中央研究院植物研究所，是我国植物分类学研究的重要中心之一。为了编写中国毛茛科志和苦苣苔科志，我在1961年、1974年和1980年三次到该所看标本，那时有马鞭草科专家裴鉴先生、伞形科专家单人骅先生、十字花科专家周太炎先生，我看到该所老、中、青多数研究人员进行着各有关专科的研究，每年有大量研究成果发表。这次去时，也如同在西北植物所所见相同，我所认识的同行们都退休了，这三位老专家也已先后过世了，而现在的研究人员也是相当少了。

在这三年出差访问，以及在北京和一些兄弟所分类学工作者和一些大学教授分类学的朋友们交谈或通信中，了解到他们申请课题困难，缺乏资金支持，不能开展研究工作。还了解到大学生物系中，分类学教学内容有逐年减少的趋势。上述这些情况使我感到我国的植物分类学研究正陷入低谷，因此感到不安。

我在前面已谈过，由于种种原因，对不少科、属，隔一段时间，就需要进行一次修订，以便澄清某些分类学混淆或对过时的分类系统进行修改，对于植物志也是一样。由于采集工作的深入，发现了新记录的种类，或由于分类学工作的深入，某些分类学混淆得到澄清，或一些种植物的拉丁学名或分类学等级发生变化等，都需要在隔一定时间之后进行修订。这些修订工作对于植物学教学、农、林、医药等方面鉴定植物很重要，对于植物学各分支学科的研究也很重要，因为在进行任何分支学科的研究时，所研究的植物的拉丁学名一定首先要加以正确鉴定。根据上述情况可见，绝大多数的科、属，以及全国和各省份的植物志都需要有一定人力承担起有关的修订工作。在这方面，我高兴地看到了一个很好的情况。浙江省的《浙江植物志》在 1993 年出版第一版，时隔 11 年，由于有郑朝宗先生主持该省的植物区系工作，主编的《浙江种子植物检索鉴定手册》一书，在 2005 年出版了。此书的作者们在近 10 年的时间中，根据严谨的鉴定工作和近年分类学研究工作的成果，修改了《浙江植物志》中 305 种植物的错误鉴定，并发现了不少浙江新记录植物，使过去《浙江植物志》收载该省种子植物 182 科 1 256 属 3 304 种，增加到 184 科 1 344 属 3 814 种，增加了 2 科 88 属 510 种。此书通过作者们的积极努力，进一步揭示了浙江省植物区系的丰富和复杂，对浙江以及华东植物区系的研究作出了重要贡献。再者，此书实际上是《浙江植物志》的第二版，但不像《浙江植物志》那样再出版七大卷，而是用检索表的方式，以一册出版，这样做，可以节省篇幅，同时携带方便，有利于野外工作。此书这种编著方式，值得重视。

我在访问西北植物所和江苏植物所时，对目前两所情况感到不安，就因为感到有关《秦岭植物志》和《江苏植物志》、伞形科、十字花科等的修订工作会受到影响，感到我国的植物分类学这个基础学科研究有停滞的可能。如果发生停滞，就一定会影响到本学科的进一步发展和其他分支学科的研究。从浙江的上述著作，我看到了希望。如果全国植物志和地方植物志都能像浙江同行们这样工作，我国的分类学研究就不会停滞，就能不断向前发展。

# 附　录

牛喜平采访王文采摘录

师门承学追忆（傅德志）

王文采年表

王文采主要著述目录

人名索引

# 牛喜平采访王文采摘录

时间：2006 年 1 月 17 日上午

地点：中国科学院植物研究所标本馆一楼王先生办公室

采访人：牛喜平（中国科学院植物研究所党委副书记）

**牛喜平**（以下简称牛）：植物所在编写"所志"，想请王先生谈谈 1950 年植物所在合并时的情况。

**王文采**（以下简称王）：领导向我了解情况，我是植物所的工作人员，我有义务，有问必答，不必客气。

**牛**：那就从您与植物所的渊源关系说起。

**王**：1949 年 6 月，北京已解放，我在北京师范大学生物系念书，快毕业的时候，系里邀请北平研究院植物研究所所长刘慎谔先生给我们作学术报告，给生物系全体同学讲"植物社会"。那是我第一次听到"北平研究院植物所"。再就是"静生"了。1948 年暑假前，大三的分类学学完了。我下一个班级，林镕先生就不教了，因为，胡先骕先生回来了。当时，我已是四年级，一天，我在教室窗户外，看他拿着他那个稿子，《种子植物学讲义》，一边走一边念，这是第一次认识胡先生。我看《静生生物调查所史稿》，说胡先生 1946 年已经回到北京，不知为什么没有到这儿讲课。

**牛**：您说胡老讲课的时候，您还不能到教室里去？还在窗外？

**王**：我是四年级学生了。

**牛**：不让听了？

**王**：也没说不让听，我就想看看胡老是怎么讲的。1949 年，我毕业以后，就留系当助教了，担任了三门课的助教。第一是动物分类，是张春霖先生教的，鱼类学家；第二个是张宗炳先生担任，教过我们动物组织学，还教过我们无脊椎什么的课，他开了一门生物技术，就是做切片；第三门课是一个讲师，宏先生，我把她的名字给忘了，她给家政和体育系开普通生物学，专门搞家事的，现在都没有了，就是怎么管理家务。我管他们的实验。我能搞起植物分类学专业与我一个师兄有关，叫王富全，比我高一班。那时候我已经对分类有兴趣了，他是知道的，就把我这个情况告诉胡先生了。我们同学之间都很熟，他非常好。

**牛**：留校的时候？

**王**：我们都是留校任助教。我并没有托他，他为我跟胡先生说了好话。大概到 1949 年初冬，有一天，王富全来说："胡先生请你去。"我听了，还有点惊讶。胡先生说话有点儿结巴，他说："我听说你对植物分类学有兴趣，你帮我编一本《中国植物图鉴》，你觉得怎么样？"我听了，挺高兴。就让我找夏先生领稿纸，夏纬琨先生，就是标本馆负责具体事务的总管。还派傅书遐先生，景天科专家，把 5 000 种的一个名录给我送到学校，我那时候住学校了。我那时候拉丁文不懂，植物分类学的文献也不懂。

**牛**：刚刚毕业嘛。

**王**：怎么考证的方法不懂，国际植物命名法规我根本不知道，根本没有做这个事的能力。我挺高兴，硬着头皮，到静生看标本了，让夏先生给我订了稿纸，大概一种四五百字的稿纸，稿纸一印好，我就开始工作了，我在那儿看标本，看见汪发缵先生，正在摆那个百合科的标本。汪发缵先生那时候在北研，这个我还不清楚是怎么回事。

**牛**：他是北平研究院的，然后来这儿。

**王**：抗日战争以前是静生的。我看到了他，但是他不知道我是谁。到了春节，意想不到的事情发生了。我毕了业以后，留系当助教。生物系好像是一栋小楼房，就一层，可是有地下室，六七间房。我就搬到那个地下室，没什么人。师大生物系传达室有两个小工，他们有十八九岁，跟我关系挺好。星期天我不回家，我教给他们生物学细胞什么的，他们俩对做切片有兴趣，我那个办公室有做切片的设备，切片机都在那儿，就教他们。他们是打扫卫生的，其中一个个性比较强，得罪了两个老助教，一个姓杨，一个姓马，姓杨的脾气大。他们不好好打扫卫生，这两位先生就埋怨到我头上了。有一次开个小会，一个老研究生，鱼类学家张春霖先生的研究生，就批评说，王文采先生怎么就支持这两个搞得乱七八糟。我为人挺窝囊，挺懦弱的。我一句话也没说，但是我在心里火了。我一想，在这儿待不下去了，我要另找工作了。我的师兄王富全，不知他给胡先生把这个情况怎么讲了。结果，有一天胡先生就找我来说："我听说你在这儿待得不愉快，现在科学院植物所成立了，静生和北研合在一起，成立一个植物分类所，我介绍你到新成立的植物所去，你看怎么样？"哎呀！我简直是太感激他了，当时，我就答应了。我是这么来植物所的。我来所之前，对北平研究院的植物所的了解，我只认识林、刘两位老先生，我没去过这个所。我调植物所的经过我不清楚，一定是胡老找了吴征镒先生，吴征镒那时候是军代表。

**牛**：他管事。

**王**：对。隔了两三个月，师大的人事处通知我了，说你这个调动关系已经办好了，就等你到植物所工作去了。就这样，1950 年 3 月十几号吧，柳树叶子还没有出来，我就到了动物园里的植物所。植物所主要建筑是三层楼的陆谟克堂，第一层是北平研究院动物研究所，第二层是植物所，第三层是植物标本室。

**牛**：就是动物园里面那个？

**王**：对，陆谟克堂。我 3 月份来的时候，动物所都没有了，都搬走了，搞无脊椎的沈嘉瑞、齐中彦都到青岛去了。所长张玺，都到青岛海洋所去了。剩下的朱弘复先生，搞昆虫的，在南院，就是后来钱南芬先生在形态室的那个房子。南院还有钱燕文。钱燕文从哪儿来的不清楚，搞鸟类的，钱崇澍先生的儿子。搞鱼类的那个叫邓宝珊先生，可能是北平研究院动物所的，还有我那个师兄李思忠，就是批评我的那位。

**牛**：那个大院还是搞动物的在使用呢？

**王**：那里是个大庙。北面大殿，"唯一堂"是图书馆。

**牛**：前面老食堂那个大庙吗？

**王**：食堂对面那个五六间大殿，叫"唯一堂"，后来做图书馆了。东边是动物标本整理委员会，就是钱燕文等工作的地方。

**牛**：那时候南院是搞动物的？

**王**：昆虫，动物标本馆。植物所人事处那个小楼是考古研究所，那个徐旭生老先生，像神仙一样。好几个老先生，他们大概是1951年以后搬走的。昆虫室大概是1953年底、1954年初搬走的。以后是从北大调来的吴素萱先生使用。还有金树章先生，教过我们遗传，是搞细胞的。金老先生当时岁数很老了，和吴素萱在一起。以后王伏雄来了，形态室就成立了。还有一个真菌室，在陆谟克堂二楼东头，206房间。王云章先生，搞真菌的，资格很老了，他底下有赵继鼎、黄河，搞地衣的，还有一个女的叫陈什么娣（陈吉棣）。韩树金那时候还没有去呢，他还在标本室。还有徐连旺，后来他们都到王云章先生那儿去了，他们大概也是1953年底，好像和昆虫室一样，到北农大去了，在罗道庄。以后才成立微生物所，以后就不清楚了。①

**牛**：当时还有一个菌种保藏委员会。

**王**：这个也不知道是什么时候成立的，就在食堂旁边。有位方心芳老先生。

**牛**：1953年以前咱们所叫分类研究所？

**王**：是的。

**牛**：分类研究所下面有几个室？

**王**：没有其他的室了，以后侯先生来了，生态室办起来了。王伏雄，吴素萱先生来，形态室是后来的事。

**牛**：生态室是1953年以后？

**王**：1950年侯先生就来了。

---

① 参见本丛书《中关村科学城的兴起》一书的有关章节。

**牛**：他是不是一开始也在分类室？

**王**：不，侯先生刚来的时候，有他的夫人林厚萱，还有李世英，第二年，王献溥来了，姜恕从日本回来了，那时生态室的架子就起来了。也就他们几个，王金亭、赵机澂他们是后来的。1952 年，生态室架子就起来了。

**牛**：下面请王先生谈谈建所之后，分类学的主要工作。

**王**：首先是强调集体研究，提出编写《河北植物志》。但是，并没有多少人参与，老先生们的积极性没有调动起来。后来是编写《中国主要植物图说》。

**牛**：这项工作是谁提出来的？

**王**：汪发缵先生，他是分类室的主任。还有唐进先生，他是副主任。解放前贾祖璋先生编了一个《中国植物图鉴》，这本书是这么一个杂烩，因为编者并不是植物学家。那时候没有这样的书，出版以后，在农林方面极受欢迎，到解放的时候，已经出了十几版了。汪先生说，我们要编一本书代替这个图鉴，解决全国鉴定标本的需要。

**牛**：经济建设特别需要。

**王**：需要。提出来以后，大家都赞成。挺有意思，那时候是向苏联一面倒，学术方面也向苏联学习。苏联的什么农业草田轮作制，我也不懂，就是为农业服务。植物里面，一个豆科，一个禾本科，对农业是最重要的，所以汪先生提出来，编《中国主要植物图说》，他拟出一个 5 000 种的名录。计划先搞豆科和禾本科，汪先生、唐先生亲自领导豆科的编撰，整个分类室全部人员都投入这个工作。1954 年就编完，1955 年就出来了，很受欢迎，非常好。

**牛**：两年的工夫就编完了？

**王**：这两位老先生是全力以赴，他们做得最多。出版之后，出了一个情况，钟补求先生和匡可任先生，他们俩也参加了，这时他们专门挑汪先生和唐先生的错。他们和汪、唐关系不知怎么搞得那么僵。

**牛**：是个人性格原因，还是……

**王**：他们俩要求的水平高，他们俩的脾气也太大了，也是挺骄傲的。我看他是看不起汪先生、唐先生。汪先生、唐先生工作的积极性就下来了。1956 年，秦老来了，当上分类室主任，这两位就下台了。《中国主要植物图说》傅书遐先生搞了蕨类部分，单出了一本。1958 年禾本科出来了。就出来这么三本，后来就没了，流产了。

**牛**：挺大的一个工程啊。

**王**：1958 年，"反右"完了以后就开始"大跃进"。6 月份在西苑医院旁边，不知一个什么单位的大礼堂，全院在那儿开大会。咱们姜纪五书记也上去讲，如何"跃进"，各个所都要上去。一亩地小麦产一万斤，十万斤，全国其他方面，整个形势就是"跃进"。这个会完了以后，8 月初，在西苑旅社，中国植物学会开扩大理事会，讨论如何"跃进"。姜纪五书记提出要搞全国经济植物大普查，和商业部废品局一起合作。

**牛**：就管这个事？

**王**：商业部和科学院联合在全国范围内找宝贝——全国经济植物大普查。那时提出要多少年就赶上美国，赶上英国，就是那么一个形势。开植物学会期间，有一天，一些大学教授，好像有华东师大郑勉教授，山西大学搞分类的张晓苔教授，他们到陆谟克堂二楼会议室开会，就提出要编写《中国植物志》，我们是在外面听说的。

**牛**：谁提的？

**王**：我记得有华东师范大学的郑勉老先生。

**牛**：是一种什么情况？是会议休息，还是几个人聊天？

**王**：目标就是要"跃进"，编写这个《中国植物志》，也不知道怎么样，就提出来了。

**牛**：聊的这些人里面有咱们所的那些老先生吗？

**王**：好像没有，都是外面大学的教授。以后是谁提出来的？就提出来了，目标十年完成，一些同志在楼外面报喜，陈介敲鼓。

**牛**：叫什么？

**王**：叫陈介。他是 1953 年和郑斯绪、戴伦凯他们一块分配到植物所的，分给郝景盛。郝先生 1955 年左右就过世了，他便跟吴征镒先生。他挺活跃，是个广东人。我看他吆喝，《中国植物志》十年完成，详细的情况就是这么提出来的，在"大跃进"的气氛中，就是这样。到了冬天，1959年1月还是1958年底提出来，编写植物志，不清楚是谁组织这个事情，成立《中国植物志》编纂委员会，全国植物分类学的大专家都来了，让我和戴伦凯去当记录，吴征镒先生他没参加，不知道他有什么事，他忙得很。

**牛**：1958年他去昆明所当所长了。

**王**：对，他已经到昆明去了。但是，那个会他没有参加。陈焕镛先生也没参加。有钱老，我记得还有秦仁昌，江苏植物所的裴鉴，南京大学的耿以礼先生，陈封怀先生是在庐山还是武汉，还有几位老先生，都忘了。

**牛**：他们编委会肯定有记录。

**王**：开完会，定规格啊，然后就进行分工，老先生都决定将来搞什么科。从那以后，我们分类室，全国分类的方面，都投入这个《中国植物志》的编写工作了。

**牛**：这段时间里面，当时尽管那个政治形势很激烈，情绪也高涨，但是相对来讲，这些科学家们，他们还是以专业为基础，提出这些问题来。是不是可以说，他们实际上在考虑问题的时候，还是没有脱离开自己的专业？

**王**：是的，是的。

**牛**：听了以后，我的感觉是这段时间考虑问题还是实在的，还是很好的。

**王**：我尤其觉得汪先生提出《中国主要植物图说》是很正确的。"大跃进"以后，秦仁昌先生是很突出的。他后来跟我讲过，他那时候都干到夜里两三点钟，就是《中国植物志》的第二卷，1959年出版了，实际出版是《中国植物志》第一卷。到1961年又出版了一卷，再过了多少年，总有两三年，就是汪、唐先生的莎草科出来了。以后，这个工作就没信儿了。到了1962、1963年的时候，我听郑斯绪讲，姜纪五书记着急了，好几年没出东西呀！我们分类室一个崔鸿宾，一个郑斯绪，他们都在所长助手的位置。实际上说，编写植物志，需要长期的积累，《中国植物志》每一科都很复杂。分类学有不好搞的地方，一个文献能否收全，再一个标本能否收全，而且分类学本身又比较难分，问题是不容易在短时间内解决的。像秦老出来的第一卷，那是多少年的积累啊！汪、唐可能没有那么多的积累，总不那么顺利。姜书记有点儿着急，郑斯绪就想，能够找哪几个先生编一个鼠李科？就找一个小的，中等的，不太大的，能不能够在近期出一本。一直是情况不妙。到了 1965 年一二月，姜纪五书记回来跟我们所传达科学院党委扩大会议精神，那时候不光是我们分类方面，听姜纪五传达，整个院都没出什么东西，没有什么成果出来。院党委扩大会议精神，就是要联系国家经济建设实际，努力完成国家的任务。姜纪五书记传达这个精神以后，各个室都展开讨论。我们那个小组包括郑斯绪，在讨论中提到汪先生的《中国主要植物图说》。没有这么一本书，全国各方面在鉴定方面都有困难。标本鉴定不出来，就给北京所寄来了，基层没书，很困难。像我们有图书馆、有标本馆。底下没有这么大的图书馆，找不到书，没法鉴定。分类室就是这个意见，所领导同意了，决定抽出十个人来，编这个书。由我、崔鸿宾、陈心启三人负责。崔鸿宾很有兴趣，很卖劲儿。陈心启没怎么管事，他在南院儿。我们单子叶办公室在食堂旁边，我和大崔都在那儿。他们还是主张采用图鉴的规格。陈心启说，我那时候搞林的时候，就拿着图鉴对，那样很方便。图说就像植物志，它有检索表，我觉得有检索表好找区别特征，他们不同意。争论了好久，后来崔鸿宾、陈心启、邢公侠都主张用贾祖璋的图鉴式的。我妥协了，让步了，就用了这种图鉴的规格。这样就从 1965 年开始编辑了，我们十个人干劲很大。

牛：那时候您也就三十几岁吧？

王：1966 年，三十八九。到 1966 年 6 月的时候，科学出版社听说了，他们非常支持图鉴的编写，派了一个编辑来，说你们写完，我马上就开始做编辑工作，很支持。"文化大革命"来了，编写工作也就停止了。

牛：整个计划几卷？

王：整个四卷，还是以豆科图说，汪先生那个名录为基础的。停工以后，就是这个中草药这个事，大概是 1969 年和苏联的关系紧张了，那时毛主席号召"深挖洞，广积粮，要准备打仗"。多紧张！林彪的一号令，就是那个时候。后来说，中草药救了分类。中草药这个运动一起呀，各个地方的标本又来了，各个省市的药检所鉴定不出来的标本，就找你来了。这么说来，《中国高等植物图鉴》确实是个重要的工作。你不能放弃不管啊！大家一讨论，还得恢复它。所以，从 1971 年起，图鉴的编写工作恢复了。

**牛**：隔开时间已经很长了。

**王**：1970 年底、1971 年初吧，汤彦承就组织图鉴的五人领导小组，汤彦承已是分类室的副主任，叫老中青"三结合"，汤彦承、我、曹子余、画图的吴彰桦，还有邢公侠。实际管事的是汤彦承和我，全室都参加进来了。把一卷半多的那些稿子拿出来，第二卷没写完的，再补上。全室人员，汪发缵，林镕，老少一起审查，很快就把两卷的稿子写出来了。出版社很支持，他的人都下放到湖北"五七干校"去了。我就到通州印刷厂当校对。

**牛**：你就住到厂里去啦？

**王**：住了半年，好像是 1972 年国庆节才回来。这两卷一下就出来了。分类室勤务组周根生、路安民给全国发出信去，征求意见。反馈回来，主要有两点意见：第一点，不少大属选种太少，比如，柳属有 200 多种，这里选了 20 种。当初编的时候，我和崔鸿宾讨论，像经济价值大的，森林的优势种啊，像樟科、壳斗科、禾本科、唇形科、伞形科都是药用植物，有意识地多一点，可是，有好多还是忽略了。另外你选得多的，像樟科，壳斗科，伞形科，选的多了，但是没有检索表，种类间的区别特征没有说明，重点也标不出来。这么一来，大家一讨论，第二卷已经出了，将来出补编来弥补上面说的不足。补编就是这么出来的，就是第一、二卷的大属补充种类。剩下的第三、第四卷大属增加种类，这一增加，四卷变成五卷了。所以，除了补编二卷，正编四卷变成了五卷，共有七卷。这就是《中国高等植物图鉴》的情况，现在已印刷到六次。

**牛**：如果说，当初汪先生提出来这个事，要是不中断的话，早就可以完成了？

**王**：1966 年、1968 年就可以了。

**牛**：同样一件事情，一中断以后，耽误事了。

**王**：是的。"文化大革命"耽误不少事。

# 师门承学追忆

傅德志

好友胡宗刚先生致力于中国现代生物科学史的编修，2000 年 4 月在我担任中科院植物研究所副所长期间，他来所收集资料，讲要撰写胡先骕先生的传记，并希望得到支持，我们由此而相识。胡先骕先生是我所的奠基人，还是我的老师王文采先生的伯乐，我则属再传弟子，所以极力支持他这项工作，同时也希望他能够撰写植物所的历史。为此，专门给他设立了一个小课题，让他放手工作。几年之后，宗刚先生果不负众望，成果不断，对于他勇往直前的精神，甚加敬佩。最近，他又在作《王文采口述自传》，我知道后十分高兴，乐观其成。当宗刚在北京采访文采师，行将结束之时，索文于我，希望我以学生角度描述老师的风采，以丰富传记，我当即应允。

我追随文采师多年，深知为他作传，特别是他本人的口述传记，必定平淡。一方面是他的为人处世的风格，凡事不张扬，他的魅力和风采都是蕴藏在他平和、平淡、平静的研究和生活之中；另一方面，由于专业限制，文采师虽然是中国著名的植物分类学家，但专业之外知道其人其事的人不多。以我追随文采师 20 多年之久，尚不敢说真正领会了他的博大精深，但谈起先生，可讲的内容还是很多很多，然而真正动起笔来，却百感交集，一时不知道从何写起。最近，宗刚函电交加，不时催促。既然应允，就得践约，故拉杂书就，权充中国植物学史的一份史料。

一

　　1982 年初，我在东北林学院（现为东北林业大学）林学系林业专业行将毕业的时候，由于常到学校的植物标本室和《植物研究》编辑部去，认得当时的分类学研究生王庆礼和袁晓颖，他们都鼓励我考研究生。黄普华、董世林、聂绍全几位先生也都鼓励我考研，希望我研究植物分类学。至于怎么报考，我却不甚清楚。董世林老师告诉我背诵 5 卷本《中国高等植物图鉴》，黄普华老师要我注意理论知识，老师和朋友们还帮我找来不少 77 级研究生考试试卷。经过一番调查比较，主要是受胡先骕编写《植物分类学简编》一书的影响，我决定报考中国植物分类学最高权威机构——中国科学院植物研究所。查到该所的招生简章，征求学校老师们的意见，他们都建议我投考王文采先生的研究生。黄普华老师眼中的文采师是一个不善言谈、涵养深厚的学者；董世林老师眼中的文采师是一个不拘仪表、十分谦恭的先生。

　　确定投考植物研究所分类学研究生后，我就给王文采先生写了一封信，希望能投他的门下。很快接到回信，欢迎我报考，使我受到莫大鼓舞。在大三期间，我在哈尔滨中央大街外文书店买到杰福利所著的《植物分类命名》的影印本，就和同学李珊林一起翻译，大四时期已经翻译完稿，并由李珊林同学清抄一份。看到王文采先生回信，心里十分高兴，就把原书和翻译稿挂号寄给他指正。王文采先生很快就把这包稿件退了回来，附信没有说好也没有说不好，只是说很忙，没有时间仔细看，并鼓励我好好准备考试。结果如愿以偿，于 5 月初接到了中国科学院植物研究所发来的录取通知书。

　　1982 年 9 月 5 日我来北京，到中国科学院研究生院报到，这是我第一次来到首都，我为能考取我国最权威的植物学研究机构的研究生而感到自豪。报到后认得的第一个同学是安徽农学院林学系的齐金根，晚饭后我们转了几路车一起跑到位于西直门外的植物研究所看看，我们知道已下班了，可能什么也看不到，只想来看看植物所的大门。几天后，研究所组织新生到所里参观，好像先是集中参观植物所的图书馆、实验室，然后各自回到自己所在的研究室。我被领到陆谟克堂二楼一间办公室，首先见到的是师兄李振宇。在大学时期，曾在《人民日报》上看到关于李振宇的事迹报道，他是"文革"后植物分类学自学成才的典型，植物所派人考察了他的能力后，被破格招收来所，为文采师的研究生。前辈们为了让他更好发展，曾安排他到大学听课，这回见到了本人。李振宇说话慢吞吞的，问我喜欢搞什么。我说被子植物分类系统。他说他也是。后来他带我到隔壁房间去见文采师，这是第一次见到导师。是年，文采师56岁，我30周岁，算是大龄学生。

文采师见到我们进来，赶紧站起来表示欢迎，所说的话很简洁，直接进入主题。他说你是林学院来的，还是搞个木本的类群吧。我说在林学院基本都是搞木本植物，希望能够跟着先生搞点草本植物。文采师连说好好，说过几天再定。我还请教了选课的事情，他问我的意见，我说大学生物基础训练少，希望选修细胞遗传学以及实验等基础课程，再选点生物数学、系统学等课程。文采师基本同意，并建议我第二外语选修德语，说分类学的老文献很多是德文的，其他就没有更多的话。文采师给我的第一印象是身材高大，待人谦和；还有一个印象比较深刻，就是有一颗门牙很突出。

研究生院的日子很愉快，各种报告和课外活动很丰富，我把课程安排得比较满，2/3以上的学分在第一学期就基本修完了，第二学期主要是上德文课。当然，文采师在研究生院主讲的"植物系统学"课程是一定要选的。他讲被子植物分类学，基本是从容不迫地照本宣科，十分准确和精辟，但对不是分类学的研究生来说，可能就有点枯燥。其他老师的课都很少，谁讲了什么都记不大清楚了。只记得罗建馨老师讲苔藓植物比较生动，穿插了许多植物所的发展历史，知道动物所、微生物所一些学科最早都在植物所。听当时植物所所长汤佩松先生的讲座是一种享受，条理清楚、逻辑性很强、重点突出。

文采师讲述被子植物分类学，课程结束前安排了一点实习课，率全体学生来植物所在香山的北京植物园。他挂个手镜，见一种植物讲解一种，主要讲解花的构造和徒手解剖的方法。在研究生院的时候，我也经常回所，只要有机会就到文采师那里看看，汇报一下学习进度。其间，文采师给我开了毛茛科人字果属的研究题目。他说人字果属是他和肖培根先生在 60 年代发表的一个新属，是个值得研究的属，属内种间关系不清楚，该属在毛茛科中的系统位置也不清楚，希望我解决这个问题。开题的时候，文采师有几句话给我留下深刻的印象，他说，分类学只有自己的方法，没有自己的证据，所有证据都是来自其他学科。

转眼之间研究生院一年的课程结束了，回到所里，我和师兄李振宇在一个办公室，文采师就在隔壁。我是"文革"后植物所分类室正式招收的科班出身的第一个分类学研究生，文采师十分重视，带着我转了整个分类室和标本馆，挨个儿介绍研究室的各位老师。俞德浚、汤彦承、张芝玉、陈艺林、陈家瑞老师等都很客气，给我留下了深刻印象。我也结识了分类室夏群、何思、向秋云等新分配来的一些大学生，以及工作已有几年的李良千、张志耘等。

在研究植物分类之初，看到文采师的工作，感觉到此项研究都是平淡乏味的工作。他上班来，夹着装有饭盒的小包上二楼办公室，开门打水洗手，然后接着前一天的工作。下班了，夹着装有饭盒的小包出门，锁门下楼，出了植物所大门就融入满大街的人流中去了。文采师当时担任《植物分类学报》主编，每天上班的工作不是看稿子，就是看标本，再不然就是写《中国植物志》。在所里他去得最多的地方是标本室和图书馆，办公室若找不到，这两个地方准能找到。他的办公室有点乱，但不让人收拾，主要原因是他习惯了哪本书放在哪里。他带我到图书馆去看分类学文献，哪个刊物在哪个位置他都一清二楚。我心里对这样的工作方法有点不以为然，觉得查阅文献不应该依靠熟悉书的位置，而应该熟悉整个文献书籍的排放体系。但在后来的研究中体会到，即使熟悉了图书馆的管理体系，最好还是按照文采师的办法，先熟悉常用的文献在哪里，这样来得快捷些。许多老师常教育学生如何做人，甚至连学生走路的姿态看得不顺眼，都要说一番，实际上没什么用处，只是一些形式。老师对学生的影响不是嘴里说了什么，而是自己做了什么，潜移默化地传递到学生身上，而且还会放大好多倍。我的办公桌，不知比文采师办公桌乱多少倍，师兄李振宇比我还要有过之而无不及。

　　文采师安排我研究生论文是做人字果属，开始想让我从细胞地理学角度研究人字果属的分类和系统演化，并请洪德元先生协助指导。当时世界分类学领域中，细胞学证据很热门，数量分类方法也很流行。我准备了一段时间后，和文采师讨论，认为细胞学信息量有限，还是想从形态、地理等角度全面研究这个属，并得到了他的认同。我做人字果属论文，利用细胞、结构、生化、器官、地理等方面证据详细研究了这个类群，该合并的合并，该拆分的拆分，提出了这个属的分类系统，也提出了这个属在毛茛科唐松草亚科的分类系统中的位置。在1985年年底如期顺利通过了毕业答辩，答辩会是由中国著名植物分类学家俞德浚教授主持，记得汤彦承、刘亮、李安仁先生等都是答辩委员会成员。

　　在将近毕业的时候，世界著名毛茛科专家、日本学者田村道夫第一次来中国访问，文采师让我陪他看标本。当时世界级的毛茛科专家有三位：文采师、田村道夫和英国的劳伦斯。田村道夫是三位专家中发表论文论著最多、影响力最大的一位；文采师是三位专家中涉及类群数目最多、发表新名称和新类群最多的一位。由于中国毛茛科植物最丰富，中国的种类研究透了，世界的种类也就几乎研究透了。当时中国刚刚敞开国门，所以这些世界级的毛茛科专家都与文采师联系，希望来中国看毛茛科标本和实地考察。田村矮胖结实，据说是柔道运动员出身，好像早年留学德国。当时，他在植物所作了一个毛茛科黄连属分类学报告，英语说得有点吃力。后来熟悉了，他说他太太是英语教师，受太太影响，所以还能够讲英语。田村很敬业，视毛茛科研究如生命，我到友谊宾馆接他去参观长城，出发前他的稿件找不到，急得不得了，说宁愿不去长城，也要找到稿件。后来绕道香山植物标本馆找到稿子，他才兴高采烈地去爬长城。我在标本馆陪他工作的时候，提到日本人字果属染色体报道可能是错误的，他斩钉截铁地说不可能。在日本，田村有位学生小菊桂子也做毛茛科，还有一位做毛茛科染色体的专家是他的朋友，他说人字果属应该是非整倍染色体。我看到中国和日本的人字果属植物标本都非常普通，植株发育也都很正常，我不懂为什么这个属的植物一定是非整倍体，所以没有采纳田村的意见。毕业后在《植物分类学报》正式发表的论文中，仍然坚持认为日本学者把人字果属染色体数目做错了，并预测正确的数目应该是 36。我的论文发表后不久，在图书馆突然发现了田村的学生小荐桂子和日本毛莨科细胞学专家在日本刊物正式发表日本产人字果属染色体的报道，把全部人字果属染色体数目都改为 36。我拿这篇文章找到文采师和指导我细胞学研究的洪德元老师，高兴地告诉他们日本人证明了我的预测结果。尽管日本学者没有引用我的文献，但我仍然十分高兴，因为他们的实验证明了我的学术思路的正确性，让我增加了按照这个思路做研究的信心。

# 二

　　文采师教育弟子，多是身教，追随多年之后，对他的学术内涵和人文精神，似乎还是没有真正领会透。许多人问过我最大的收获是什么，仔细想想，确实也有一些特别的心得。这些心得在别人看来或者以为太浅显，不屑一顾；以我的愚笨，却是经过慢慢体会，一点一滴悟出来，且受益至多，值得拿出来和大家分享。

　　首先是领会到植物分类学没有什么神秘，只要按照一定的方法和原理，就可以研究和解决任何植物分类学上的问题。文采师做学问从来不讲究什么花样，文章写得很直白，从来不咬文嚼字，更没有引经据典及说明研究者情绪之类的文字。他的许多论文都是先叙述类群的性状，然后给出性状的演化趋势（方向），然后再按照性状演化方向阐明类群之间的演化关系。我早期看这些论文，感觉过于程式化，比较平淡和枯燥；越是到后来，越是熟悉了这些类群，看文采师论文越有味道。多看之后我明白了，文采师的论文是写给植物分类学的专家学者看的，不是科普读物，更不是教科书。好友杨亲二到北京做博士，迷恋上毛莨科植物研究后，见到一篇文采师论文就收集一篇，甚至把我手边所有的单行本都搜刮一空，看来他已经深悟其道。我到日本访问时，看到田村道夫办公室专门有一个书架，存放文采师的所有论著，看来田村也是深悟其道。

　　有些论文热衷于以长篇大论讨论演化问题，看起来似乎很深奥，究其实不过是达尔文进化论思想的翻版或现代诠释而已，空洞得很，到了应用演化原理说明具体性状的演化趋势，进而分析类群之间的演化来源关系，基本上就没有多少文字了。学者写文章编书籍，自然都是给别人看的，并且还要人家看得懂。不管多高深的内容，写出来都是要别人能够领会和理解使用的。不管多么复杂的原理，核心思想只有三言两语，如果做不到直捣龙门切中要害，说明他自己根本就没有理解这个原理。不管什么证据，都有使用的规则和应用范围，连这些都不理解，那还是不用为妙，千万不能搞那些蒙别人甚至也骗自己的东西。文采师说的一句话经常在耳边回旋：做到什么程度，就看你下多少功夫啦。

中国植物分类学研究领域一直有地盘划分的潜规则，一个学者研究的科、属范围，其他学者都尽量不去涉及。文采师以研究毛茛科植物为主，但只要研究任务需要，或者领导有安排，不管哪个类群，都照做不误。文采师做过裸子植物柏科、被子植物番荔枝科、十字花科、紫草科、苦苣苔科、葡萄科等许多科的研究，没有什么地盘概念。他一直在系统研究毛茛科，别人做毛茛科他都支持。张芝玉先生做毛茛科细胞学研究，文采师很支持；潘开玉先生跟文采师搞毛茛科牡丹属，后与洪德元先生合作把牡丹作为一个独立的科研究，文采师也很支持；杨亲二来北京后搞毛茛科乌头属研究，还合并了文采师一些物种，文采师也很支持。文采师说，一个类群研究的人越多，说明这个类群越重要，研究的人越多，研究结果也越多，则越可能接近客观，这是他越要支持的原因。

对于学生研究的结果，文采师即使同意，也只是简单说声不错而已；对其他学者的某些研究结果，即使不同意，却不多加评论。如果一定要表态，只说是一个新的认识。当然，对一些明显违背科学的东西，也说过"瞎胡扯"。"瞎胡扯"是我听到文采师最不满意的评语，而这种评语绝对没有在公众场合说过，只是和我议论起某些学术问题时才偶尔道及。

我追随文采师多年，得到治学的第二个秘诀是做任何一项研究都不要着急。文采师不论当主编、当编委、当评委，做任何事情都是有条不紊，从未见到他着急过，从未听他说过时间不够。他说干任何事情，都是干完一件就少一件。他干的所有事情，几乎都和植物分类学研究有关系，其中很多是领导交付的任务，但只要和植物有关，他都兴趣盎然踏踏实实地完成。"文革"中，《中国高等植物图鉴》编写和出版很混乱，他就自己带着大包小包的稿件跑出版社、跑印刷厂。我性子比较急，师从文采师之后，深得做研究不急不躁、不显不露、不温不火的三昧真经。我做被子植物分类系统的比较研究，一做就是二十来年，反复核对，反复思索，花功夫慢慢地磨就是了。我做世界被子植物科属分布研究，一做也是二十多年，反正就是那么多属，做一个就少一个，花功夫慢慢地磨就是了。做植物生殖器官形态演化研究，一做也是半辈子过去，也是花功夫慢慢地磨就是了。这个世界变化确实很快，北京城的变化几乎一天一个样，一幢大楼一座商城一夜之间就起来了；但建设基础学科的大厦却没有这么快，那是人类万年文明、千年思索、百年智慧的沉淀和结晶。刚摸到这个大厦一角的一块砖头，就想重建整个大厦，刚拾得一点皮毛就觉得可以做主宰，那不过是幼儿园里小朋友的思维水平。

跟随文采师治植物分类学，所得第三个秘诀是做学问一定要见到东西才说话，也就是重视第一手材料的搜集。做植物分类的，一般都特别迷恋野外科学考察，向往着跑遍祖国名山大川。到植物所做研究生后，文采师说，跑野外很重要，但目的一定要清楚，要求我一定要跑遍人字果属在中国的分布区，查阅国内几个大标本馆的标本，借阅国外主要标本馆的标本，掌握第一手材料之后，才能开始写论文。人字果属在中国的分布中心是四川，因此我在做论文期间，四川跑得最多。文采师在四川的朋友很多，曾得到四川大学许介眉老师，成都生物所、重庆药检所、重庆药物研究所、贵州生物所等许多老师的照顾。在四川大学植物标本馆认识了赵清盛先生，乘赵老师野外拍摄杜鹃花的车子，跑遍了川西的山山水水，一直跑到了盐源、木里。有些地方有毛莨科人字果属植物，有些地方没有，但是这个大规模的野外活动，极大丰富了我的野外知识。文采师还介绍我认识了从日本来川大师从方文培先生的狄巢树德先生，主要由许介眉老师带。狄巢树德非常喜欢植物，和我也非常谈得来。后来我研究生论文中所需要的日本材料，都是狄巢想方设法弄过来的。狄巢树德先生曾经问我，中国植物分类学家谁最厉害，我就说文采师；再问还有谁最厉害，我就说某某科的某某人等；

还问将来谁最厉害，把我问得有点烦，我就说出自己的名字来，狄巢树德听了很满意，他知道他的中国朋友不是草包。

# 三

一次，文采师找师兄李振宇和我到他办公室，说他主编的一部书中甩下了几个科，他本人要统稿也没有时间，请我们来完成。那几个科是杨柳科、菊科风毛菊亚科、禾本科竹亚科等，我就选了禾本科竹亚科和几个小科，把最难啃的杨柳科和菊科风毛菊亚科留给了师兄李振宇。我写的稿子中有一个科，所外有位专家也交来一份稿子，我请求文采师撤下我的稿子。他说：那个稿子无法用，还得用你的。

我刚来植物所做研究生时，曾不知深浅地说自己对被子植物分类系统研究有兴趣。师从文采师，研究生论文研究毛茛科，是被子植物中比较原始的类群，也就是说其祖先更接近被子植物起源的类群。我念大学的时候对植物分类学已有强烈兴趣，翻遍了学校图书馆所有分类、解剖和系统学的著作。当时，自认为已经熟练掌握了真花学说、假花学说、顶枝学说等基础性理论，以及基于这些理论体系建立起来的被子植物分类系统。研究生期间，和文采师谈论自己的志向，他说那好啊，但搞被子植物分类系统，光靠中国植物可不行，中国被子植物只有 3 000 属左右，世界有 1 万多属呢。那得花功夫啊，还是先一个科一个属的研究最要紧。研究生毕业后，我才真正体会了研究被子植物分类系统有多么艰巨。被子植物是地球上最优势的类群，有几百个科、15 000 余属，将近 30 万种，占全球植物数量的 90% 以上。研究这些类群的系统演化，也就是它们的发生、发展和演化趋势，要从化石植物、地质历史和现代类群性状以及分布多个方面来研究。显然，不熟悉这些植物，根本不可能研究它们的系统演化，也不可能构造或者重建被子植物的分类系统。回想文采师说的话，对我震动很大。我念大学时制作了世界被子植物 500 多个科的卡片，还不断按照哈沁松系统、恩格勒系统甚至胡先骕分类系统反复排列这些卡片。但是多数科都还是教科书的书本知识，脑袋里面不过只是一个科的名字而已。我那个时候还不知道许多科的植物长得是什么样子，分布在哪里，含有多少属、种。回头想想，我那个时候还想搞什么被子植物分类系统，真是不知天高地厚。

文采师多年在研究生院讲授被子植物分类系统，一直非常关心世界被子植物分类系统的最新研究趋势，发表了许多介绍各家分类系统的文章。文章中他基本不加自己的评论，只是客观反映各家分类系统的特点和异同。记得 1987 年塔赫他间出版了最新被子植物分类系统，他马上就指出与前一版比较，哪些科在系统位置上有些什么变化。我觉得文采师一直对被子植物分类系统研究很有兴趣，就去请教。他说，那是因为在研究生院讲课需要把最新的被子植物分类系统研究动态介绍给学生。1989 年以后，我接替文采师到研究生院讲授被子植物分类系统，他给了我一个介绍被子植物分类系统的油印稿，稿中收集和简要介绍了几乎世界所有被子植物分类系统，大约有100 多个，许多分类系统还配上图解。这个油印本体现了文采师做学问的一贯风格，不厌其烦地把各个分类系统基于成花原理、方法，甚至具体的性状演化原则都一一列出。我过去没有见过文采师的这个油印稿，他说这是他在外地讲解被子植物分类系统，当地的同志刻印了这个稿件。我看到这个油印稿后，才理解了什么叫做不登高山不知天之高，不临深渊不知水之深的道理。我也是在那个时候才多少理解一点文采师说做事情就要花功夫的含义。以这个油印本作为蓝本，我开始着手系统收集和整理世界被子植物分类系统的资料，从 1989 年到现在，已经花了将近 20 年的工夫。

过去我收集整理的被子植物分类系统卡片和资料，基本都是教科书知识。在文采师这个蓝本的基础上，开始注意原始发表分类系统的论著收集和整理。此时才发现，被子植物形态演化最经典的理论性文献，基本都是德文的。也知道文采师要求我选修德语作为第二外语确实是有特别的意义。后来，通过给研究生院学生讲课和系统收集整理被子植物分类系统的资料，我认识到研究被子植物分类系统，首先要研究被子植物最早祖先的来源问题。地球上的高等植物有 4 大类群，按照化石记录记载的地质历史发生顺序，最早的陆地植物应该是苔藓、蕨类，大约在 6 亿年前起源于海洋性的低等植物，然后在 4 亿年前后发生了种子植物。种子植物最早发生的是裸子植物，在 1

亿年前后由裸子植物的某个类群，发生了现代陆地上最大的类群被子植物。回想几年前考研究生的时候，感觉文采师出的植物分类学考题比较刻板，第一题是低等植物藻类植物分门别类问题，要求说出每个门类的基本特征。第二题是苔藓植物几个大类划分问题，还是要说明各个门类的基本特征。第三题是蕨类植物分类问题，也是要求说明门类基本特征。第四题是裸子植物分科检索表，当然也是建立在门类特征基础上。第五题才涉及一些被子植物分类的问题。到了我开始在研究生院讲课的时候才意识到，文采师的研究思想中，就是要站在整个植物界的角度考虑某个具体类群的植物分类和系统问题。也是到了这个时候，我才意识到，研究植物系统演化问题是一环紧扣一环、丝丝入扣，不花功夫，缺了哪个环节的研究都不成。我这时也开始明白，研究被子植物分类系统问题，最重要的是确定被子植物的祖先是什么，什么时间出现，出现在哪里。文采师说，研究这样的问题，一是要有理论基础，二是必须有化石证据。后来通过多年的研究和实践，我看到一个分类系统，就可以看出这个系统依据的理论体系，最原始类群和进化类群是什么，并大致知道这个系统具有的特点和特色。但是真正客观地评价各家分类系统，还没有统一的方法。可以说，研究和建立一个植物分类系统是十分艰难的，而能够理解和客观评价各个分类系统则更艰难。这个时候，我才理解文采师为什么对各家被子植物分类系统多是述而不论。

# 四

上世纪 80 年代末期到 90 年代初期，我带着满脑袋的植物分类和系统演化问题，参加了植物所和分类室组织的各种野外调查和科研活动。在中国科学院组织的武陵山地区植物资源调查项目成果的编写中，有一部文采师主编的《武陵山植物》。我自认为出身林门（林学院）熟悉裸子植物，就自告奋勇承担裸子植物部分编写。我潜在的目的是系统研究一下裸子植物，看看哪个类群最接近被子植物的祖先式样。按照被子植物的成花理论，真花学说认为被子植物祖先起源于具有两性孢子叶球，已经绝灭了

的原始裸子植物苏铁类，现代的原始被子植物是木兰毛茛类，代表的分类系统则是哈沁松、塔赫他间、克隆奎斯特等现代分类系统；假花学说则认为被子植物祖先起源于裸子植物中的麻黄、买麻藤类。我潜移默化受到文采师影响，要一环紧扣一环地研究被子植物系统演化问题。编写《武陵山植物》裸子植物部分的过程，实际上是我有意识地对整个裸子植物分类的再学习、再认识和系统研究的过程。

我在系统地看裸子植物标本（包括武陵山地区并不出产的裸子植物）的过程中，注意到罗汉松科罗汉松属中的竹柏亚属，具有与罗汉松属其他成员极为鲜明的不同特征，该亚属具有对生的叶片，没有中脉，与罗汉松属其他植物的特征明显不同。进一步观察发现，该亚属的肉质种托来自大孢子叶球轴的肉质化，而罗汉松属其他植物的种托则来自大孢子叶球轴上叶片部分的肉质化，两者在生殖器官形态演化来源上有明显的不同。我翻阅了大量历史文献后知道，竹柏亚属最早被认为是被子植物，后来发表为裸子植物的一个独立的属，再后来，由于肉质种托的表面相似性被归并到罗汉松属中。按照形态演化的来源关系，竹柏亚属就不仅应该作为一个不同于罗汉松属的独立的属，甚至应该成为一个新的科。进一步仔细核查世界植物分类学文献，发现有一些学者一直试图把竹柏亚属独立成为一个属，却没有任何学者想到这是一个新的科。全世界裸子植物不过十几个科，确实很难想象再发现一个新科。我把这些认识说给文采师，他说发表一个新类群很容易，论述清楚这个类群的亲缘关系则很难，根据你的研究，该是一个新科就是一个新科，但你要把它说清楚。后来，我根据生殖器官的特征并基于对裸子植物生殖器官形态演化理论体系的研究，提出了竹柏科新科，并论述了这个新科与球果类祖先科类关系密切，与现代裸子植物银杏、麻黄类近缘的新观点。发表这个新科的中文和拉丁文描述，都是文采师写的。看得出，文采师并不认为发表一个新科与发表一个新种的特征描写有什么本质的不同，不过都是客观描述性状而已。我请文采师一起署名发表，他呵呵一笑说：文责自负，这是你自己的工作，我不过帮忙而已。我的研究生论文毛茛科唐松草亚科分类系统发表的时候，请文采师联合署名，他也是说文责自负。他说文责自负，每个字都重若千金，不是敷衍了事，更不是逃避责任，而是对学生充满期望，更是对学生充满信任。文采师所说"文责自负"四个字，不知不觉中已经深深烙印在我头脑里。多少年后我也开始带研究生，他们发表论文，每每也都自然而然地对他们说要文责自负。

在按照种子植物属分布区类型的方法研究中国种子植物区系的过程中，我曾与文采师提到我的困惑。中国植物区系从南到北，总体趋势总是南方热带性质强，北方温带性质强，任何一个地区都可以说是南北的过渡区。文采师说，研究植物分布，要一科一科、一属一属地从全球分布来分析，要花很大的功夫。他又说要读读吴鲁夫、古德、塔赫他间、克隆奎斯特等人的著作。文采师 90 年代初发表中国种子植物一些属的迁移路线，提到许多属从横断山到华中、华北乃至日本的迁移通道，论文的实质讨论是一些类群的分布规律问题。我的好友杨亲二研究员看了这篇论文，兴奋地说，至少可以给 10 个博士研究论文开题。读了文采师的论文，我也开始思考如何从世界植物分布角度来研究植物区系的问题。做这样的工作，首先要掌握世界植物分布的第一手资料，必须掌握世界上每个属分布状况等第一手信息。1993 年以后，我就放弃了中国种子植物区系定量化研究的系列论文，开始系统收集世界种子植物属分布的资料。全世界有 15 000 多个属，任务十分艰巨。正如文采师所说，做分类要花功夫，做植物区系研究，要花大功夫。我实际上是从 80 年代就开始收集整理世界植物科属分布资料，直到 2006 年底，才算基本完成世界植物科属分布类型编码的研究工作。这个工作一做就是 20 多年，真的没有少花功夫。功夫不负有心人，我收集整理了全世界维管束植物科属分布资料，建立了自己的分布编码体系，提出了世界被子植物区系白垩纪形成和解体的研究思路。文采师最近看了我的手稿，十分欣慰，说这是中国的塔赫他间的工作。

# 五

我硕士研究生毕业后，大约在 1986 年文采师成为博士研究生导师。文采师提出要招博士就招小傅，否则就不再招收了，所里没有同意他的意见，所以文采师直到退休也没有再招收研究生。后来有些人鼓励和支持我报考本所或者所外的博士研究生，我也放出话说，读过文采师的研究生，别人的也就不必读了。我的师兄李振宇也是这样，许多人找他做博士研究生，他也都婉言谢绝了。并非文采师培养的学生清高或者瞧不起别的老师，而是他在平淡平和之中，确实有他独特的魅力，只有真正追随过他，才能体会到这种宠辱不惊、逆来顺受、外柔内刚的魅力所在。这种魅力就是做一个最普通的人的魅力，非言传可以轻易获得，非身教可以完全体会，而是在不知不觉中已浸润到血肉灵魂之中。有时候和文采师一起出差或者看标本，我问他，难道对周围事物就没有任何意见吗？文采师笑呵呵地说，有啊，有意见就对标本提去啊！这就是他的魅力所在，不管逆境顺境、不管屈辱荣誉，统统都化解在学问之中，化解在对学术的追求之中。文采师的魅力所在，是包容了天下的学问，却让人又觉得很普通，普通得不能再普通，普通到没有一丝一毫的神秘，普通到让你觉得你也能够做到，普通到让你无论如何也难做到！

1985 年研究生毕业，当时各个部门和机构大量需要专业人才，也是"洋插队"最风行的时期。形态研究室的一位老师找到我，说北京大学急需植物分类的老师，希望介绍我过去。日本学者田村也通过文采师寄来日本留学的表格材料。我对文采师说自己对教书很有兴趣，想到北京大学当老师。文采师很果断地说，大学不缺老师，他们自己培养的学生就足够了，中国最缺的是研究人员，你应该留在所里搞研究。大学毕业考研究生的时候，我设计自己的路子是在北京接受基础训练，然后到植物最丰富的南方工作，以便于植物分类学研究。文采师知道我的想法，告诉我中科院植物所就是面向全国，在这里哪里的植物都可以研究。看得出来，文采师非常希望我留在植物所搞研究。对于去日本留学的事情，则不置可否。多年后，文采师告诉我，一提到日本，他脑海里面马上出现的就是蒋兆和先生画的流民图。他说他念高中的时候，一听说孔庙展出流民图，马上就去看，第二天再去，已经被日本人禁止了。后来田村几次想和文采师合作研究，都被婉言谢绝，而是推荐田村先生与成都生物所溥发鼎教授合作。国家和民族的历史灾难，在文采师脑海里面看来是永远挥之不去的。我脑袋里面倒没有想那么多，留学也好，工作也好，只想实现自己对植物分类学的追求。仔细想了想，田村是世界性权威，文采师也是世界性权威；田村论著颇丰多为理论性，文采师论著则多为类群修订；理论可以通过文献和图书馆学习，而类群则必须通过实践掌握。世界性权威都要来中国学习交流，自己却要舍近求远去求神拜佛，不免觉得有点可笑。如是，我就把日本大使馆寄来的材料表格都退了回去，决心跟着文采师在植物所踏踏实实地搞植物分类学。

当时，植物所的人才还是比较紧缺，"文革"后科班出身的研究生也算是香饽饽，自己可能也有些春风得意。在一次分类室的会议上，当时的室主任陈心启教授点名批评了我，说我研究生刚毕业，看到一些老先生不打招呼，有失尊重。散会后我很委屈，找陈心启教授，说自己不是翘尾巴，而是许多老先生实在不认得，总不能见了谁都点头哈腰地问候一声吧。陈心启教授笑呵呵地说，说你翘尾巴是因为你是"文革"后第一个科班出身的研究生，有翘尾巴的资本，今后要多关心关心研究室的事情，你以后就做分类室的秘书吧。看到领导重视和重用，我心里很高兴，但没有再敢得意忘形，就说要听听文采师的意见再决定。陈心启教授快人快语说，毕业了，就不必什么都听老师的了。我说那您下次开会不又得说我尾巴已经翘到天上去了。后来见到文采师，兴高采烈地告诉他将被主任重用。文采师一下变得很严肃，说那可不行，你现在的任务是尽快进入专业研究的领域，不能分散精力干管理的事情，说这个事你不用再管了，他直接找了室主任。后来陈心启教授见到我说，你老师说了，现在不能让小傅分心，如果觉得小傅是人才，过个十年八年让他当主任吧。后来的事实，确实被文采师说中了，我从1985年毕业到1995年这十年期间，基本都是专心做自己的研究工作。而在十年以后，果然当了分类室的主任。

# 六

关于文采师在分类学研究以外的话题不多。在上世纪40年代末期文采师被胡老亲自选定来植物所工作，一直默默无闻地研究植物分类的问题。比较胡老一辈，他算是学生辈分；比较陈艺林、陈家瑞、洪德元等，又算是老师辈分。我来植物所的时候看到，老一辈很少把文采师看成学生辈分，晚一些的老师们也不把他当成老师辈。大家都很亲切地称呼他为"文采"。后来熟悉了，偶尔和文采师谈论一些家常琐事，偶尔也提到"文革"。文采师说他那时做得最多的事情就是帮助大家抄写大字报，因为毛笔字写得好，所以别人写好稿子都找他来写。哪派的人都来找他，他只管写，什么内容他也没有工夫看，也没有兴趣看。

在"文革"中，分类室的主要领导、留苏博士、中国著名院士郑万钧的长子郑斯绪先生，能够忍受肉体折磨和学术的诬陷，却无法忍受人格侮辱，在陆谟克堂二楼自杀身亡。在更早的"反右"等运动中，分类室当时一些年轻有为的研究生或者同事如胡昌序、黄成就等，一夜之间就突然变成了右派，被改造被控制失去了研究的权利。文采师显然很清楚知道分类室这些触目惊心的往事，但是从来不愿意提起。多年后在外地出差的时候，不知道怎么又提到这个话题。文采师说，多少年过去了，想到那些无辜受到迫害的同事，以及参与迫害那些同事的同事，脖子后面还直冒凉风！我那时已经当了不小的官，就笑嘻嘻地问他，要是再有运动，我的下场会如何？文采师说，感谢邓（小平）公啊，中国应该不会再有这样的运动了。我当官的时候，也有人制造流言绯闻诽谤造谣攻击我，我明白这是一些无聊的家伙，经常把自己的一些隐私和求欢心理映射到别人身上发泄，索性也不辩解。听到绯闻干脆就说自己很得意也很愿意听！那些无趣的家伙就自找无趣，也就没有兴趣再提类似的话题了。

"文革"前，国家经济困难，科学家的日子也都和一般老百姓差不多。分类室有位知名学者，家有许多儿女，最小的女儿想穿一双红色的皮鞋，直到老先生过世也没实现。"文革"前，技术职称的含金量很高，具有高级职称，一是要有真本事，二是要有一些政治条件。据说由于政治原因，胡先骕老先生最初不过定了个三级研究员，后来是他那些一级研究员的弟子们联名反映，才改定为一级。文采师"文革"前是副研究员，在当时的分类室里，已是地位很高的科研人员了，经济上比一般的研究人员要好一些。同事之中谁有困难，也都愿意找文采师周济。以现在的眼光来看，文采师在"文革"前，和一般科研人员也是一样也属清贫。记得一次在文采师家里做客吃苹果，他感慨地回忆，60年代唐进先生的夫人从百货大楼购物回来，在路上遇见，拿一个苹果让他带回家给孩子吃。

记不得是1982年的国庆，还是1983年的元旦，师兄李振宇找我说文采师过节都要在家里请学生吃饭，他要带我一起去做客。文采师住在中关村的一座楼上，至今也没有挪动过。第一次到先生家，心里有点紧张，不知道该带点什么礼物。师兄李振宇说什么也不用带，跟着他去就是了。师母说话爱唠叨，不管客人听不听，都说个不停。师母说文采师是工作迷，年轻时候出野外回来也不先回家，还是师母在大街上遇到了他，才知道回北京了。师母说当时很生气，问他为什么不回家，他说要先到单位处理一下工作上的事情。文采师的儿子简直和老子是一个模子刻出来的一样，也是不善言语，儿媳妇倒是比较爱说话。文采师的孙女叫毛毛，当时很小，刚刚会爬而已。文采师两个女儿都在热恋之中，可能根本不会正眼看我们这些书呆子学生。文采师有个习惯，八小时以外很少谈论工作和学问，所以，到他家里唯一的事情就是吃。用师母的话说，看小傅那么弱小，赶紧多吃点，好好补补身体。文采师家里没有多少地方放书，只有一个书架，里面也没有多少专业书。看得出来，他是不把工作拿回家里干的，在家里他喜欢画点国画，卧室墙上还挂把二胡。据说过去单位组织新年庆典，文采师要带着二胡去献上一曲。我来所里后，却从来没有听过他的演奏。

文采师的生活和他做学问风格可谓同工异曲，有板有眼。就是野外出差，到晚上八点半钟，必定要睡觉休息，早上五点来钟就起床散步。文采师在退休那年前后和我说，他和老伴算了一下，一辈子积下2万块钱，养老是足够了。在物质生活上他从未奢侈过，在大多岁月里总是相当满足。

# 七

80年代末90年代初，文采师办理了离休手续，每周就来所里两次，我感觉他退休后的心情不错，好像终于从无穷无尽的任务中得到了解脱。他退休后才出了几趟国，看望在国外生活的孩子，更多时间还是泡在国外的标本馆里看标本。瑞典一大学标本馆愿意把上个世纪的一些中国标本归还中国，文采师就一个人在那里兴趣盎然地挑拣这些标本。我曾很纳闷地问他，"文革"前后直至退休，上级为什么没有安排你出国。他笑呵呵地说，有啊，安排啦，以前是安排过一次，后来政治审查时说有一颗牙齿比较突出，不适合出国。文采师一次出国回来，我去接，见面就感觉有点异样。文采师说，老啦，那颗突出的牙齿掉啦！我说文采师更显"青春"了呢！说得大家都笑呵呵。

1993 年前后，国家实行由人头费向课题费转换的科研机制，工资待遇与课题挂钩。我也没有独立的科研课题，每个月只能领到工资的 70%，也就是 200 多元。我倒是觉得自由，没有课题没有项目的限制和束缚。裸子植物新科、新理论体系，乃至后来发表的裸子植物新分类系统，几乎都是这个时期的产物。我在这个时期中读了大量被子植物形态演化的论文和论著，思考了裸子植物形态演化与被子植物演化来源等问题，建立了世界被子植物分类系统比较研究数据库，拟写了大量中国不产科的名称，还对中国古典文献中的植物学知识产生浓厚兴趣，考证了《诗经》中一些植物的名实问题。文采师一次郑重其事地叫我到他的办公室，问我家庭生活有没有保证。我研究生毕业后，文采师一直非常关心我的生活，他给我介绍对象，使我组成了家庭。当我们的小孩出生时，他和师母还提着老母鸡爬上我们在 5 楼的家来看望，问我经济情况。我说一切都好，请先生放心。他只是点点头，没有吱声。我向文采师汇报自己打算参加 1993 年 8 月在日本横滨召开的 15 届世界植物学大会，他就拿出编写 *The Flora of China* 的 1 000 多美元的稿费让我先用。

1993 年年底，文采师退休好几年以后，被增选为中国科学院的院士。文采师当了院士，我没有感觉到文采师和不当院士有什么不同，每周还是来所里两次，该做什么还是做什么。只是文采师又得办理"不退休"手续，也算在平静平和的生活中，平添了一些涟漪。文采师只要来所，必定要到标本馆看标本。他说他那时候完全是凭兴趣看自己喜欢看的东西，有时候看标本看到得意之时，还会轻轻地哼起小曲。文采师喜欢广东音乐，如《汉宫秋月》、《雨打芭蕉》和《步步高》等名曲。

追随文采师，日子过得很平和，很平静，也很充实。1994 年初，文采师说我研究生论文所做人字果属是一个小属，应该再做一个超过 100 种以上的大属，以进一步强化分类学基础和技巧训练，给我指定了新的题目毛茛科铁线莲属的分类和修订。我即遵照文采师的教导，在标本馆里把铁线莲标本摆了一长溜，还做了毛茛科以及相近的小檗科、防己科、木通科等科大多数属花的解剖和绘图。把标本上的花解剖，拆开的各个组成部分都分别粘贴在硬纸片上，再附在原来标本上，自己看清楚了，也方便了后人，这是文采师当时手把手教会我的一种研究技巧。当时，我同时也在看裸子植物麻黄属的标本，寻找其生殖器官是否存在自己提出的苞鳞种鳞复合体的证据。在植物所宽敞静谧的国家植物标本馆里，亦步亦趋地跟着文采师，就像孩子跟着家长，就像小学生跟着老师，有一种安全感，更有一种依赖感。跟着文采师，感觉可以处理任何分类的问题，每天都陶醉于揭示植物无穷无尽的谜底。这种感觉如能用一词来形容，那便是幸福。

# 八

1995 年初，植物所领导班子换届，各个研究室的领导都在调整，当时植物分类与植物地理学研究室的很多老先生已经退休，或者临近退休，正是青黄不接时节，我是研究室唯一的中青年副研究员，就被提名作为研究室暨国家植物标本馆主任人选。我觉得以自己的水平和资力，不足以担任这个职务。文采师笑呵呵地说，诸葛亮 28 岁就出山了，你 40 多了，也该为研究室做点事情。文采师支持和鼓励我出来当"官"，有点出乎我的意料。文采师不仅支持和鼓励我做"官"，还答应给分类学科招收博士研究生。当时的分类研究室，没有博士生导师。我在 1985 年研究生毕业后，文采师就没有再招研究生。他在 90 年代当上院士后，又恢复了"公职"，为了支持分类学科建设，又开始招收研究生。文采师希望一些中国和世界性的大科，如菊科、兰科、禾本科等，都能够有接班人。我当"官"之后，也开始按照文采师的意思，有意识地请文

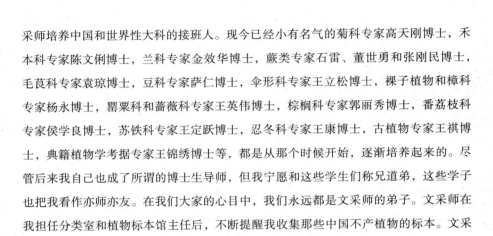

采师培养中国和世界性大科的接班人。现今已经小有名气的菊科专家高天刚博士，禾本科专家陈文俐博士，兰科专家金效华博士，蕨类专家石雷、董世勇和张刚民博士，毛茛科专家袁琼博士，豆科专家萨仁博士，伞形科专家王立松博士，裸子植物和樟科专家杨永博士，罂粟科和蔷薇科专家王英伟博士，棕榈科专家郭丽秀博士，番荔枝科专家侯学良博士，苏铁科专家王定跃博士，忍冬科专家王康博士，古植物专家王祺博士，典籍植物学考据专家王锦绣博士等，都是从那个时候开始，逐渐培养起来的。尽管后来我自己也成了所谓的博士生导师，但我宁愿和这些学生们称兄道弟，这些学子也把我看作亦师亦友。在我们大家的心目中，我们永远都是文采师的弟子。文采师在我担任分类室和植物标本馆主任后，不断提醒我收集那些中国不产植物的标本。文采师说，《中国植物志》完成后，中国学者一定要做世界性的研究工作。做世界性研究工作，没有第一手研究材料怎么能行？

看起来文采师对我担当的研究室主任和标本馆馆长还基本满意。记得文采师曾说，他见到了邢公侠等老先生的笑容。我觉得这就是对我最大的褒奖。我在这个职务上不到两年，就被提拔为所长助理，并在 1998 年又被提拔为副所长。文采师似乎对我的"进步"有些感冒。记得他说，当当主任馆长就行了，还能搞点业务；当了所级领导，恐怕就没有多少时间了。2000 年前后，他找我说，铁线莲属看你还没怎么动，副所长就别干了吧。我说当官身不由己呀，这事非得请院长说话才行。文采师答应我在开院士会议的时候找主管植物所的陈宜瑜副院长说说。后来文采师跟我说，院长说了，既来之则安之，怎么也要把一届干完再说。文采师是那种极其相信组织相信领导的人，回来后反而劝告我要全心全意努力工作。我承担一些 *The Flora of China* 编写任务，文采师说这点小事你不必分心，他全部都替我编好了。我当官的时候，也是赶上科学院实施创新工程的好时候，植物所项目经费大增，事业轰轰烈烈，我也颇有名声在外。文采师可能觉得我已经有了很大的影响力，一天特意到我办公室来，很严肃地找我说一个问题。文采师说，院长和领导很信任你，求你办个事情。文采师一辈子没有求过什么人的，说得我十分诧异。文采师说，你找科学院领导说说吧，看能否把我这个院士的帽子拿下去。我听了哈哈大笑说，还是您找院长说说吧，看看能否直接转到我头上来。我告诉文采师，院士是终身制，除非犯有严重错误，才会免除。文采师可能也觉得这个事情很难办，后来也就不再提起了。

# 九

文采师对我说不要再当官的话后，我仔细回想自己少年时代的科学梦想，直到"文革"后才有了迟到的追求，如今年近半百，还是一事无成，遂萌生退意。2002 年任期届满，我就坚决要求退出植物所的领导岗位。我早在一年半载之前，就推荐了主要从事科研管理的所长助理接任，可谓是未雨绸缪。有些人想方设法当官却当不上，也有人不想当官还不成。我在任职期间，由于有一定工作能力和魄力，群众也拥护，上级自然难舍。再说，几年来和上级领导关系处得也不错，领导当然更愿意使用他们信任的同志。我提出不担任所级领导，主管副院长和人事干部局领导们都不同意，最后说宁愿去做科技副职，才算取得同意。

文采师知道我终于下来了，高兴得直拍手，说这回可要好好干点业务了。2002 年离任之后，先是抽出点时间访问了美国，回来后就带着几个学生投入到野外工作。2003 年"非典"期间，我正带着学生在四川、云南深山老林中采集，接到上级电话，问我还要不要去做科技副市长的事。我笑着说下台后的"失落期"早已过去，还是派别人去吧。当时，北京"非典"疫情形势越来越紧张，我就打电话问候文采师。文采师听到我在云南维西采集，没说几句关于"非典"的话，就谈起他 50—60 年代到过滇西北地区，看到山有多高，树有多粗，植物有多丰富。文采师说他好想一下子也来到这个地方看看。谈到科技副职，文采师在电话里笑呵呵地说，哪能去做什么科技副职啊。6 月份野外工作结束回到北京，一天突然接到陈宜瑜副院长的电话，告诉我做好准备到广州的中国科学院华南植物所担任副所长职务。我说要当所级领导，本来就可以在北京接着当下去，何必跑到大老远广州去。陈院长是我最钦佩、最信任，也最对脾气的老上级，他也最敢骂我、对我发脾气。他说：科学院培养你这么多年，现在

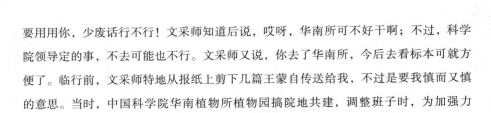

要用用你，少废话行不行！文采师知道后说，哎呀，华南所可不好干啊；不过，科学院领导定的事，不去可能也不行。文采师又说，你去了华南所，今后去看标本可就方便了。临行前，文采师特地从报纸上剪下几篇王蒙自传送给我，不过是要我慎而又慎的意思。当时，中国科学院华南植物所植物园搞院地共建，调整班子时，为加强力量，科学院领导才派我去加强学术管理的。

中国科学院华南植物所对我不薄，给了我优厚的待遇，还专门安排一套住宅，让我在广州安了一个新家，我也唯有努力工作来回报人家。安顿好了广州的家之后，我就请文采师和师母来广州小住。师母没请来，却请来文采师带着谢磊、史京华两个学生来华南所看标本。文采师带着学生都住在我的家里，欣然写下"傅府小住，新居如斯"的话语。我说新房子是有的，新娘可还是您老过去介绍的那位啊，说得大家哈哈大笑。师徒几人在广州俨然过起了美好的家庭生活，女生史京华负责下厨，男生谢磊负责采购，我乐得清闲，每天估摸饭做熟了就回去吃。无论吃什么，文采师都说好吃。一次大家包饺子，文采师高兴地说，哈哈！简直是过年了。一次有人送来几张芭蕾舞票，文采师说还是让年轻人看吧，他说就看看我床头的《资治通鉴》、《唐宋传奇平话本》和《笑林广记》可矣。和文采师在广州一起生活的日子很短暂，师徒几人却其乐融融。我巴不得广州有文采师看不完的标本，但文采师还是很快就看完了他想看的标本。我陪同文采师到深圳仙湖植物园去参观，在访问的路上，文采师说，第一，你每天睡觉太晚，要注意休息；第二，尽快把这里的差事交了，赶紧回北京。

转眼到了 2004 年 10 月，华南植物所的班子任期到届，主管领导找我谈话，说大家反映不错，希望我留在广州继续任职。我说上级派我来时，说好只干一年半载，现在都干了快两年了，既然大家都还满意，我也就该回去了。主管领导说那咱们还是都听组织的吧。后来公示华南所下届班子成员中，还是有本人。此时，我已经知道当初派我来的陈宜瑜副院长不在科学院工作，调到国家自然科学基金委当主任去了。我心里想，除了陈院长，恐怕也没有谁敢骂我；当然了，恐怕也没有谁敢用我。梁园虽好，非久居之地，此时不溜更待何时，赶紧提笔给科学院主管领导和有关部门写信。华南所干部任命的前一天，科学院人事干部局的领导还给我打电话，希望我再考虑考虑。我说感谢上级的爱护和信任，自己也确实对华南所很有感情，但我已是 50 多岁的人了，这么大的事情肯定是经过了深思熟虑。

文采师知道我终于又下来了，高兴得又是拍手。一次文采师到我办公室来，拿起我发表的世界裸子植物新分类系统论文，请我简要地讲讲这个新系统与前人的系统有什么不同，我简要地作了说明。文采师说，你要不当这十年官，这样的论文应该出十篇。这篇论文是在植物所担任副所长刚上任时投稿的，历经磨难，直到 2004 年离开华南所前不久，才在英国一家著名的植物分类学刊物上得以发表。文采师说对了，我如果不当这些年的官，如果只是一个普通得再不能普通的科研人员，我的论文可能早就发表了，我的学术思想也可能早就实现了。看着我多年积累的资料和稿件，文采师说，要搞清楚被子植物分类系统，你还要带上几个学生，埋头搞上十年八年才行。我高兴地意识到，文采师已经认同我可以搞搞被子植物分类系统！

十

2006 年是文采师八十大寿，我们弟子们约定不为先生做寿，在我们心目中，文采师的学术永远年轻，文采师的精神永远青春。但文采师八十华诞，促使我带着几个弟子开始整理文采师的论著，借出版《文采文集》来庆贺。谁知不整理不知道，一整理吓了一跳，文采师的论文几乎都是文采师作为唯一作者发表的，洋洋洒洒已经有百万字之多。如果加上文采师论著中的文字，恐怕得有几百万字，到底是出选集还是全集，到底是出一卷还是多卷，谁也拿不定主意。讨论来讨论去，转眼 2006 年已经过去。当初筹备出版《文采文集》，也就转变成为对文采师学术思想和学术贡献的全面整理。

近日文采师告诉我，一个学生去年在小五台山采集的一份标本，应该是毛茛科银莲花属的一个新种，目前哪个组也归不进去，要我安排这个学生在秋天时再去采集该种植物的果实标本。文采师的嫡传弟子、再传弟子、私淑弟子以及受到文采师熏陶和影响的一代代学者们，已经在世界植物学研究的前沿崭露头角，或者占据了一席之地，文采师自己的研究却还是那么一如既往地继续。文采师就是在这些普通而平凡的研究工作中，不断提出新的认识，不断发表新的论文，他的精神在不断影响着自己的弟子们，并通过弟子们不断地发展和延续。我在组织整理《文采全集》时，也跟着不断地增加新的内容。至此，我终于明白了，《文采全集》是永远编不完的！

好友胡宗刚先生让我从弟子角度写写文采师，写着写着，我也恍然大悟，写文采师，不也是一部永远写不完的书吗？

2007 年 7 月 12 日定稿于北京

# 王文采年表

| 年份 | 年龄 | |
|------|------|---|
| 1926 | 0 | 6月5日出生于山东济南。 |
| 1928 | 2 | 父亲去世。 |
| 1932 | 6 | 就读于济南第十三小学。 |
| 1936 | 10 | 夏，随母亲迁居北京，就读于北京厂桥小学。 |
| 1937 | 11 | 夏，随母亲返回济南，不久又往北京。 |
| 1938 | 12 | 就读于北京厂桥小学。 |
| 1939 | 13 | 就读于北京第四中学，中学时代曾迷恋绘画与音乐。 |
| 1945 | 19 | 考取北京师范大学，就读于生物系。 |
| 1949 | 23 | 7月，北京师范大学毕业，留校任教。11月，协助胡先骕编写《中国植物图鉴》。 |
| 1950 | 24 | 3月，调入新组建的中国科学院植物分类研究所，参与编写《河北植物志》，往河北上方山、百花山、小五台山、雾灵山等地采集植物标本。 |
| 1951 | 25 | 与程嘉珍结婚，后生育一子二女。 |
| 1952 | 26 | 4—10月，参加植物研究所广西调查队，到广西南部进行橡胶宜林地的调查。 |

| 1955 | 29 | 春、秋两季，参加植物研究所的江西调查队，到江西武功山考察。 |
| 1956 | 30 | 参与编写《中国主要植物图说》，承担豆科山蚂蟥属、山龙眼科、桑科榕属和毛茛科的编写工作。 |
| 1957 | 31 | 5月，参加中苏云南考察团，赴云南东南部马边、屏边的大围山考察。 |
| 1958 | 32 | 参加云南植物资源普查，8—10月，在鹤庆、丽江、中甸、维西、剑川等地采集。11月初，在云南西双版纳勐连、勐仑、勐腊等地考察、采集标本，不幸身染疟疾，送昆明医院就医。 |
| 1959 | 33 | 3月下旬，出院返回北京。协助秦仁昌《中国植物志》第二卷蕨类植物的编写，担任莲座蕨科和里白科的几个属植物的描述工作；协助郑万钧《中国植物志》裸子植物柏科的编写。 |
| 1960 | 34 | 承担《中国植物志》毛茛科唐松草属、银莲花属的编写任务。 |
| 1962 | 36 | 秋，往云南中甸哈巴雪山进行植物考察。 |
| 1963 | 37 | 夏，参加植物研究所川西调查队，到达四川康定、宝兴等地采集。参与翻译塔赫他间《高等植物》一书。 |
| 1965 | 39 | 主持编写《中国高等植物图鉴》。 |
| 1969 | 43 | 11月底，往江西南昌协助当地卫生部门编写《江西中草药》。 |
| 1971 | 45 | 年初，《中国高等植物图鉴》第一、二册编写完成，送科学出版社印刷厂付印。 |
| 1978 | 52 | 往四川峨眉山考察。 |
| 1979 | 53 | 与人合著《中国植物志》毛茛科（1），由科学出版社出版。第2年又出版了毛茛科（2）。 |
| 1981 | 55 | 参加横断山区综合考察队，并主编《横断山区维管植物》上、下册，于1993年、1994年由科学出版社出版。 |
| 1982 | 56 | 担任《植物分类学报》主编。 |

| 1987 | 61 | 2月，主编《中国高等植物图鉴》及《中国植物科属检索表》，获得国家自然科学奖一等奖。参加武陵山区考察，并主编《武陵山地区维管植物检索表》，于1995年由科学出版社出版。 |
| 1989 | 63 | 与人合著《中国植物志》紫草科，由科学出版社出版。 |
| 1990 | 64 | 往瑞典乌普萨拉大学植物博物馆访问，研究 H. Smith 在20年代采自四川、山西的标本。是年，科学出版社出版与人合著的《中国植物志》苦苣苔科。 |
| 1991 | 65 | 5—6月，访问英国邱园、爱丁堡植物园、巴黎自然历史博物馆、柏林植物园。 |
| 1992 | 66 | 担任 The Flora of China 毛茛科和苦苣苔科的编写工作。 |
| 1993 | 67 | 当选为中国科学院院士。 |
| 1995 | 69 | 科学出版社出版与人合著的《中国植物志》荨麻科。 |
| 1996 | 70 | 往美国史密桑研究院访问研究，并访问密苏里植物园、哈佛大学、纽约植物园。 |
| 1999 | 73 | 访问英国邱园、法国巴黎植物研究所、瑞典植物博物馆。 |
| 2001 | 75 | 6月，往俄国圣彼得堡的柯马洛夫植物所著名的标本馆做短期工作；7月，往瑞士日内瓦植物所标本馆做短期工作。 |
| 2006 | 80 | 完成铁线莲组 Sect Viticella 和大叶铁线莲组 Sect Tubulosae 二组的修订。 |

# 王文采主要著述目录

## 学术论文

1　王文采. 中国山龙眼属和假山龙眼属的初步研究. 植物分类学报，1956，5(4)：285～309

2　王文采. 中国毛茛科植物小志. 植物分类学报，1957，6(4)：361～391

3　王文采. 中国毛茛科翠雀属的初步研究. 植物学报，1962，10(1)：59～89；10(2)：138～165；10(3)：264～284

4　王文采，肖培根. 中国毛茛科植物小志(二). 植物分类学报，1965，10(增刊一)：49～110

5　王文采. 中国毛茛科植物小志(三). 植物分类学报，1974，12(2)：155～190

6　王文采. 中国苦苣苔科的研究. 植物分类学报，1975，13(2)：62～70；13(3)：97～105

7　王文采. 葡萄科的新发现. 植物分类学报，1979，17(3)：73～96

8　王文采. 微孔草属的研究. 植物分类学报，1980，18(3)：266～282

9　王文采. 中国赤车属分类. 东北林学院植物研究汇刊，1980，6：45～66

10　王文采. 中国毛茛科植物小志(四). 东北林学院植物研究汇刊，1980，8：15～37

11　王文采. 中国荨麻科楼梯草属分类. 东北林学院植物研究汇刊，1980，7：1～96

12 王文采. 苦苣苔科五新属. 植物研究，1981，1(3)：21~51

13 王文采. 苦苣苔科一原始新属. 植物分类学报，1981，19(4)：485~489

14 王文采. 中国苎麻属校订. 云南植物研究，1981，3(3)：307~328；3(4)：401~416

15 王文采. 中国毛茛科植物小志(五). 云南植物研究，1982，4(2)：129~137

16 王文采. 广西苦苣苔科一新属. 广西植物，1983，3(1)：1~6

17 王文采. 苦苣苔科二新属. 植物分类学报，1983，21(3)：319~324

18 王文采. 苦苣苔科三新属. 植物学集刊，1983，1：15~24

19 王文采. 中国吊石苣苔属校订. 广西植物，1983，3(4)：249~284

20 王文采. 中国毛茛科植物小志(六). 云南植物研究，1983，5(2)：153~163

21 王文采. 中国毛茛科植物小志(七). 植物研究，1983，3(1)：24~38

22 王文采. 华南苦苣苔科二新属. 植物分类学报，1984，22(3)：185~190

23 王文采. 云南苦苣苔科一新属. 云南植物研究，1984，6(4)：397~401

24 王文采. 中国毛茛科植物小志(八). 云南植物研究，1984，6(4)：363~380

25 王文采. 中国线柱苣苔属校订. 广西植物，1984，4(3)：183~190

26 王文采. 中国紫草科植物小志. 植物研究，1984，4(2)：1~13

27 王文采. 石蝴蝶属(苦苣苔科). 第二次校订. 云南植物研究，1985，7(1)：49~68

28 王文采. 中国唇柱苣苔属校订(Ⅰ). 植物研究，1985，5(2)：71~97；中国唇柱苣苔属校订(Ⅱ). 植物研究，1985，5(2)：37~86

29 王文采. 中国毛茛科植物小志(九). 植物研究，1986，6(1)：9~42

30 王文采. 中国紫草科植物小志(二). 植物研究，1986，6(3)：79~98

31 王文采，李良千. 中国毛茛科植物小志(十一). 云南植物研究，1986，8(3)：259~270

32 王文采. 横断山区十字花科小志. 云南植物研究，1987，9(1)：1~19

33 王文采. 后蕊苣苔属分类. 植物研究，1987，7(2)：1~16

34 王文采. 中国毛茛科植物小志(十二). 植物研究，1987，7(2)：95~114

35 王文采，李良千. 中国毛茛科植物小志(十). 植物分类学报，1987，25(1)：

24~38

36  王文采. 华西南大戟科植物小志. 云南植物研究, 1988, 10(1)：39~47

37  王文采. 中国毛茛科植物小志(十三). 植物研究, 1989, 9(2)：1~14

38  王文采. 中国植物区系中的一些间断分布现象. 植物研究, 1989, 9(1)：1~14

39  王文采. 中国毛茛科植物小志(十四). 植物分类学报, 1991, 29(5)：456~468

40  Wang W. T., Pan K. Y., Li Z. Y. 1992, *Key to the Gesneriaceae of China*. Edinb. J.
    Bot. 49：5~74

41  王文采. 东亚植物区系的一些分布式样和迁移路线. 植物分类学报, 1992, 30
    (1)：1~24；30(2)：97~117

42  王文采, 李振宇. 越南苦苣苔科一新属. 植物分类学报, 1992, 30(4)：356~361

43  王文采. 中国毛茛科植物小志(十六). 云南植物研究, 1993, 15(4)：347~352

44  王文采. 中国毛茛科植物小志(十五). 植物分类学报, 1993, 31(3)：201~226

45  王文采. H. 史密斯采集的中国紫草科植物. 植物研究, 1994, 13(1)：1~10

46  王文采, 李良千. 中国毛茛科植物小志(十七). 植物分类学报, 1994, 32(5)：
    467~479

47  王文采. 侧金盏花属修订. 植物研究, 1994, 14(1)：1~31；14(2)：105~138

48  王文采. 中国毛茛科植物小志(十八). 广西植物, 1995, 15(2)：97~105

49  王文采. 中国毛茛属修订. 植物研究, 1995, 15(2)：137~180；15(3)：275~329

50  Wang W. T., Warnock M. J., Zhu G. H. 1995, *Notulae de Ranunculaceis Sinensibus*
    (ⅩⅩ). Phytologia. 79(5)：382~388

51  王文采. 中国毛茛科植物小志(十九). 植物研究, 1996, 16(2)：155~166

52  王文采. 中国毛茛科植物小志(廿一). 广西植物, 1997, 17(1)：1~15

53  王文采. 中国毛茛科植物小志(廿二). 植物分类学报, 1998, 36(2)：150~172

54  王文采, 李良千, 王筝. 中国毛茛科植物小志(廿三). 植物分类学报, 1999, 37
    (3)：209~219

55  王文采. 铁线莲属绣球藤组修订. 植物分类学报, 2002, 40(3)：193~241

56　王文采. 铁线莲属威灵仙组修订. 植物分类学报, 2003, 41(1): 1~62; 41(2): 97~172

57　王文采. 云南楼梯草属研究随记. 植物研究, 2004, 23(3): 257~260

58　王文采. 铁线莲属单性铁线莲组修订. 植物分类学报, 2004, 42(1): 1~72; 42(2): 97~135

59　王文采. 铁线莲属对枝铁线莲组修订. 植物分类学报, 2004, 42(4): 289~332

60　王文采. 铁线莲属茴芹铁线莲组修订. 植物分类学报, 2004, 42(5): 385~418

61　王文采, 李良千. 铁线莲属灌木铁线莲组修订. 植物分类学报, 2005, 43(3): 193~209

62　王文采, 李良千. 铁线莲属—新分类系统. 植物分类学报, 2005, 43(5): 431~488

63　王文采. 云南东南部赤车属和楼梯草属研究随记. 植物研究, 2006, 26(1): 15~24

64　王文采. 铁线莲属研究随记(Ⅵ). 植物分类学报, 2006, 44(3): 327~339

65　王文采. 铁线莲属黄花铁线莲组修订. 植物分类学报, 2006, 44(4): 401~436

66　王文采. 铁线莲属拔葜叶铁线莲组修订. 植物分类学报, 2006, 44(6): 670~699

67　王文采. 铁线莲属铁线莲组修订. 广西植物, 2007, 27(1): 1~28

68　王文采. 铁线莲属大叶铁线莲组修订. 植物分类学报, 2007, 45(4): 425~457

## 著作

1　王文采, 肖培根, 王蜀秀, 潘开玉. 毛茛科(1)中国植物志. 北京: 科学出版社, 1979

2　王文采, 刘亮, 王蜀秀, 张美珍, 丁志遵, 凌苹苹, 方明渊. 毛茛科(2)中国植物志. 北京: 科学出版社, 1980

3　王文采, 刘玉兰, 朱格麟, 廉永善, 王镜泉, 王庆瑞. 中国植物志·紫草科. 北京: 科学出版社, 1989

4　王文采, 潘开玉, 李振宇. 苦苣苔科中国植物志. 北京: 科学出版社, 1990

5　王文采主编. 横断山区维管植物(上册). 北京: 科学出版社, 1993

6  王文采主编. 横断山区维管植物(下册). 北京：科学出版社，1994

7  王文采，陈家瑞. 荨麻科中国植物志. 北京：科学出版社，1995

8  王文采主编. 武夷山地区维管植物检索表. 北京：科学出版社，1995

9  Wang Wentsai, Pan Kaiyu, Li Zhenyu, A. L. Weitzman, L. E. Skog. Gesneriaceae. In：Wu Zhengyi & P. H. Raven(eds.), *Flora of China*. Beijing：Science Press；St. Louis：Missouri Botanical Garden Press, 1998

10  Wang Wencai, Fu Dezhi, Li Lianggian, B. Bartholomew, A. R. Brach, B. E. Duton, M. G. Gilbert, Y. Kadota, O. R. Robinson, M. Tamura, M. J. Warnock, Zhu Guanghua. Ranunculaceae. In：Wu Zhengyi & P. H. Raven(eds.), *Flora of China*. Beijing：Science Press；St. Louis：Missouri Botanical Garden Press, 2001

# 人名索引

**B**

秉　志　21，22，36，49，60，69，109，
　　　　162

**C**

蔡希陶　80，83，98，113，162

陈封怀　35，40，55，63，105，108，163

陈焕镛　43，47，51，60~62，64，69，
　　　　105，108，119，122，125，145

陈家瑞　87，108

陈　介　61，82，98，105，108

陈立卿　74，75

陈灵芝　76，78，80

陈鹭声　101

陈少卿　93，163

陈守良　51

陈心启　50，91，99，108，132

陈艺林　61，62，85，108

陈毓亨　101

陈之端　49

诚静容　108，117

程嘉珍　22，23

崔鸿宾　64，99，100，102，106

崔石青　13

**D**

戴蕃瑨　43，60

戴伦凯　48，62，74，100，105，108

邓稼先　116

**F**

方文培　32，47，87，108

冯澄如　68，69

冯国楣　55，80，163

冯家文　36，47，48，73

冯晋庸 68，69，89，101，108，163

傅德志 92，93，131，141，164

傅坤俊 67，113，163，165

傅立国 90，99，100，108，163

傅书遐 7，25，34，37，47，51，54，
56，57，64，65，67，68，96

**G**

耿以礼 23，47，51，108

龚子荣 130

谷粹芝 100，108

关克俭 24，47，87，88，99，108，123

郭本兆 51，163

郭毓彬 21

**H**

韩树金 47，72，73，75

郝景盛 25，47，105，113

何少颐 57

洪德元 111，125，146，163

侯宽昭 39，163

侯学煜 25，46，57，73，77

胡嘉琪 81

胡式之 74

胡先骕 21，25，35~37，39，40，42~
44，47~50，57，60，65，67，
69，78，104，108，109，112，
122，125，164，170，203

黄成就 11，57~59，61，118，119

**J**

贾良智 51，57

简焯坡 23，40，47，65，104，122，123

姜纪五 32，85，99，106，108，119

姜 恕 11，57，74~78，119

蒋 英 47，101，140

靳淑英 100

**K**

匡可任 25，47，51，61，101，106，
108，117，119

**L**

黎盛臣 47，57，73，75，76，78，163

李朝銮 87

李良千 91，92，125，131，141，147，
148，156，164

李沛琼 99，108

李世英 46，57，58，73，74

李锡文 82

李延辉 80，81

李振宇 92~94，108，131，141，148，
165

梁畴芬 57

林 镕 21，23，24，28，29，32，37，
41，46，47，57，59，85，96，
108~110，113，117，140

刘崇乐　80，121

刘广志　18

刘洪谔　79

刘金鉴　87

刘亮　108

刘慎谔　21，28，30，44，45，47，106，
　　108，109，112，113，125

刘玉壶　64

刘玉麟　15，16

鲁宝重　20

鲁星　56，110，163

路安民　49，92，101

吕烈英　47，67

罗士苇　21

**M**

马毓泉　47，57，65，108，131

**P**

潘开玉　43，108，131，148

裴鉴　32，34，35，40，64，105，106，
　　108，122，165

**Q**

齐雅堂　20

钱崇澍　24，31～33，43，45，49，60，
　　96，105，108，109，111，
　　125，164

钱南芬　36

钱燕文　36

乔曾鉴　99，108

覃海宁　92，164

覃灏富　74，75，89

秦仁昌　31，34，43，52～55，60，64，
　　67，82，85，98，106，108，
　　110，113，125，160

曲仲湘　32，34，57，80

**R**

任美锷　80

**S**

三木茂　68

盛锡珊　15，17

单人骅　57，64，165

石铸　62，87，99，108

石子兴　19，20

矢部吉祯　159

孙涤黔　12，13

孙雄才　23，32

**T**

汤佩松　43，124，140，162，163

汤彦承　47～49，51，59，62，73，108，
　　140，156

唐进　25，47，49，50，55，97，106，
　　108，112

陶君容　85，108

田村道夫　91~93，147，148，153，164

田景全　87

**W**

汪发缵　25，39，41，46，47，49，50，
55，75，97，105，106，108，
112，117，121

汪桂芳　34，147

王德群　79，131

王伏雄　25，36，163

王富全　37，38，47，65

王 卉　23，132，135，136，151

王金亭　74

王立琛　15

王启无　112，162

王蜀秀　35，42，85，99

王献溥　57，74~76，78

王心竟　9，70

王宗训　32，47，84，108，122，163

王作宾　113，158，163，165

韦发南　89

韦毅刚　93

吴印禅　61

吴彭桦　90

吴征镒　25，32，33，38~40，44~48，
57，59，65，73，80，82，85，
98，105，107，108，111，
124，131，139

吴中伦　31，32，36

武素功　82，84，98

武兆发　20

**X**

夏纬琨　37，47，119

邢公侠　90，99

熊耀国　75~78

徐全德　56，110

徐 仁　56

许介眉　99

**Y**

杨宝珍　74

杨汉碧　48，51，61，108，121

杨亲二　86

杨作民　47，73

姚璧君　119

俞德浚　25，55，56，73，107，108，
113，121，124，163

喻诚鸿　119

**Z**

曾建飞　100

张春霖　21，37，38

张福寿　73

张景钺　21，139

张若慧　79

张泰利　90

张晓苔　104

张永田　61，62，101

张肇骞　24，32，41，46，47，56～59，
65，97，104，108，117，
119，122

张珍万　58，165

张宗炳　19，21，37

赵宝恒　120

赵机溎　74～76，78

赵继鼎　47，72，73，116

赵世祥　83

郑朝宗　166

郑　勉　104

郑斯绪　48，51，61，64，74～76，99，
105，106，108，122，146，156

郑万钧　32，43，47，56，63，64，67，
105，107，108

郑作新　80

钟补求　25，51，91，105，106，108，
113，114，125

钟济新　57，58

仲崇信　34

周培之　18

周太炎　165

周远瑞　57

朱太平　74，84

朱彦承　85

Burtt，B.L.　142

Christensen，C.　53，145

Copeland，E.B.　54

David，A.　88，137

de Candolle，A.P.　157，158，161

Diels，F.L.E.　143，145

Fletcher，H.R.　138

Forrest，G.　82

Gilbert，M.G.　134，153

Gray，A.　32

Grubov，V.I　146，156

Handel-Mazzetti，H.　75，93，133，143，
145，160～162

Hedge，I.C.　142

Hooker，J.D.　53～55，112

Jacquemoud，F.　157

Johnston，I.M.　39，96，97

Lauener，L.A.　126，138～142

Léveillé，H.　140，141

Linnaeus，C.　126

Maire，E.E.　137，145，151

Merrill，E.D.　34，35，145

Moberg，R.　133，134

Morse, H.B.   93

Raven, P.H.   44, 124, 131

Rock, J.F.   82, 158

Sargent, C.S.   64

Skog, L.E.   127, 148~150

Smith, H.   132~134

Thunberg, C.P.   133, 134, 160

Ulbrich, E.   78, 143

Warnock, M.I.   150

Weitzman, A.L.   149, 150

# 王文采口述自传

The Oral Autobiography of Wang Wencai

## 后 记

　　在 2000 年新千年伊始之际，当举世之人皆欢欣鼓舞憧憬未来之时，我却在回首上一个世纪的中国生物学史。是年秋为搜讨中国植物学奠基人之一的胡先骕传记材料，前往北京胡先骕生前工作的单位中国科学院植物研究所，时任该所副所长的傅德志先生嘱我采访王文采先生，由此始识王先生。记得当时经过简单预约，即在植物所标本馆得以拜谒请益。王先生首先

王文采先生与胡宗刚的合影，摄于 2008 年 6 月

拿出美国哈佛大学格雷标本馆资助出版的 I. M. Johnston 所著的一本关于紫草科专著说，这是胡老借给他的一本书，书的扉页上有胡老的藏书印章，一直放在他的办公室里，至今也没有归还，是这本书引导他步入植物分类学。王先生与我慢慢述说与胡先骕先生的交往，如沐春风。谈到动情处，看见他眼中含有泪水，这让我感动，明悉他之于胡先骕先生的感情。此后与王先生时常通信，对于我所请教之问题，总是据其所知一一回复，并鼓励我多多发掘史料，为中国植物学史作完整记录，无疑给了我不少信心。后来在走访南北各地植物学研究机构时，总能听到景仰王先生道德文章的议论，让我知悉王先生在学界中的声望。

2006 年是王文采先生 80 周岁诞辰，中科院植物所王先生的门生们为纪念这一日子，策划编辑出版《文采文集》。年初我来北京，傅德志先生嘱写一传略，附于文集之末，能为此尽绵薄之力，实乃荣幸之至，当即允诺。某天与来金朋兄一同采访王先生，听其讲述生平经过，对其出身、求学、治学等均有初步了解。其时，植物所开始编写《中国科学院植物研究所志》，牛喜平书记就该所之历史，曾专门采访王先生，并将采访录音整理成文字，听我说将写王先生传略，慷慨提供给我，由此知悉王先生的工作经历。根据这些材料，写出 2 万余言的《王文采先生传略》，然《文采文集》未能按期推出，适逢《生命世界》杂志编辑邹星兄约稿，即将此传略交由其编辑，刊于当年第 9 期。

多年来，我在学业上得到樊洪业先生不少关顾，当他主持

"20世纪中国科学口述史丛书"时，又蒙厚爱，邀请参与。根据《丛书编例》，自认为对王文采先生已有了解，遂选择王先生为传主。在征求王先生本人意见时，却被推让，他说在世的中国植物学家中更有人值得撰写。王先生的一生只是默默工作，为人处世总是低调，我说先生一生业绩当然应有总结，更重要的是通过先生了解中国植物分类学的历史，为中国科学史积累史料，而不是一般意义上的树碑立传，这也是编辑出版这套丛书主旨所在，也与先生此前对我的期望相符。在我反复劝说之下，才获同意。年末即据已得材料，列出全书章节，撰写采访提纲。

事有巧合，2007年荣获中科院植物所马克平所长、牛喜平书记聘请，约往北京参与《中国科学院植物研究所志》编写，我所供职的庐山植物园张青松主任欣然同意，如是顺利成行。马所长、牛书记对我自带任务而来，亦甚加支持。如此一来有充足时间，可以与王先生作深入交谈，并从容整理。春节过后，即赴北京，寓于香山，王先生每周来此一天，他以半天时间与我讲述，有些内容还是先生亲笔写示，我即利用周末双休日整理出来。在京大多数时间是为编写《中国科学院植物研究所志》，往位于中关村中科院档案馆查阅植物所档案。档案中的不少内容可以与王先生口述相印证，获得这些第一手材料后，有些可以向王先生提问，引起他更多回忆，有些内容则直接作为背景材料应用于书中。

人的一生既有愉快，也有痛苦，在王先生的回忆中无论愉快与痛苦，他都平淡而述，直白道来，少有感情色彩，对自己

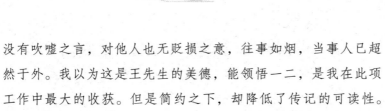

没有吹嘘之言，对他人也无贬损之意，往事如烟，当事人已超然于外。我以为这是王先生的美德，能领悟一二，是我在此项工作中最大的收获。但是简约之下，却降低了传记的可读性。为此，特将牛喜平先生为编写《中国科学院植物研究所志》采访王先生的答问录辑入，并约请跟随王先生多年的傅德志先生作一追忆之文，附于后，所再现的许多事情和情节，或为本书不曾道及，借此以丰富王先生的形象和业绩。

胡宗刚

2007 年 7 月 10 日识于庐山园边居

**图书在版编目（CIP）数据**

王文采口述自传 / 王文采口述；胡宗刚访问整理 . — 长沙：湖
南教育出版社，2009.1（2017.7 重印）
（20 世纪中国科学口述史 / 樊洪业主编）
ISBN 978 - 7 - 5355 - 5937 - 1

Ⅰ .①王… Ⅱ .①王… ②胡… Ⅲ .①植物分类学 — 进展 —
中国 —20 世纪 Ⅳ .① Q949 - 12

中国版本图书馆 CIP 数据核字（2008）第 213988 号

| | |
|---|---|
| 书 名 | 20 世纪中国科学口述史 |
| | 王文采口述自传 |
| | Wang Wencai Koushu Zizhuan |
| 作 者 | 王文采口述 胡宗刚访问整理 |
| 责任编辑 | 朱 微 |
| 责任校对 | 崔俊辉 |
| 出版发行 | 湖南教育出版社（长沙市韶山北路 443 号） |
| 网 址 | http://www.hneph.com |
| 电子邮箱 | hnjycbs@sina.com |
| 客 服 | 电话 0731 - 85486979 |
| 经 销 | 湖南省新华书店 |
| 印 刷 | 长沙超峰印刷有限公司 |
| 开 本 | 710×1000 16 开 |
| 印 张 | 15.5 |
| 字 数 | 190 000 |
| 版 次 | 2009 年 1 月第 1 版 2017 年 7 月第 1 版第 2 次印刷 |
| 书 号 | ISBN 978 - 7 - 5355 - 5937 - 1 |
| 定 价 | 41.00 元 |